U0595376

内向一点儿，不好吗？

[美] 帕特里克·金 / 著　李娟 / 译

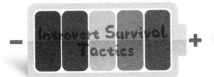

天津出版传媒集团

天津科学技术出版社

著作权合同登记号　图字：02-2021-233

Copyright © 2019 by Patrick King
Simplified Chinese translation rights arranged with Patrick King
through TLL Literary Agency

图书在版编目（CIP）数据

内向一点儿，不好吗？ / (美) 帕特里克·金著；
李娟译. –– 天津：天津科学技术出版社，2022.3
　　书名原文: Introvert Survival Tactics: How to
Make Friends,Be More Social,and Be Comfortable in
Any Situation
　　ISBN 978–7–5576–9780–8

　　Ⅰ. ①内⋯ Ⅱ. ①帕⋯ ②李⋯ Ⅲ. ①内倾性格 – 通
俗读物 Ⅳ. ①B848.6–49

中国版本图书馆CIP数据核字(2021)第267975号

内向一点儿，不好吗？
NEIXIANG YIDIANER，BUHAOMA？
责任编辑：刘　颖

出　　版：	天津出版传媒集团 天津科学技术出版社	
地　　址：	天津市西康路35号	
邮　　编：	300051	
电　　话：	（022）23332372	
网　　址：	www.tjkjcbs.com.cn	
发　　行：	新华书店经销	
印　　刷：	唐山富达印务有限公司	

开本787×1092 1/32 印张6.5 字数64 200
2022年3月第1版第1次印刷
定价：49.80元

序　言

　　亲爱的读者，《内向一点儿，不好吗？》不是一本陶冶情操的散文集，也不是消遣时光的故事书，而是一本告诉你如何驾驭自己的"社交电池"的奇书。

　　作者帕特里克·金（Patrick King）本身是一个性格十分内向、不合群的人，在多年的焦虑、暴食、懈怠与挣扎后，终于发现内向与不合群也是自己的一种优势，经过反复研磨与总结，他提出"社交电池"的概念，针对日常生活、亲友聚会、假日派对等不同场景，给出了不同的应对策略，让自己的"社交电池"巧妙地充电、存电、省电和放电，抵御外界的社交洪流，真正做到"按需社交，社交升级"。

这本书不仅迷人，还非常有用，你会被很多贴心的建议和方法所启发，也会不自觉地因为许多奇妙的心理技巧而慢慢改变自己，从此拥有"有趣的灵魂"和安静但不无聊的人生。

现在，就请静下你的心灵，打开你的思维，开始一场"内向者"的修炼旅程吧。

——编者

引　言

我不是想独自一人，我只是不想被打扰。

——奥黛丽·赫本

很多年来，我都在努力扮演外向的人，但演技却很蹩脚。

你大概也曾有过这样的经历。

还记得上次在外面待到很晚的时候吗？别人似乎都很想继续派对，你却想在凌晨三点爬上床睡觉，内心觉得自己是个煞风景的人。

你邀请别人到家里来而不敢提出来玩一两个小时后就希望他们快走，而且相比于大型派对，你更喜欢小范围地聚一聚。

你拒绝朋友发来的社交活动邀请，只因为感觉"应付不来"。

以上这些倾向都曾发生在我身上，这让我极为困惑，因为我一直觉得自己社交能力还算可以，直到遇到这些事。当然，我在青春期时更加害羞，也更胖，但我已经克服了绝大多数社交问题，可以做到跟任何人交际。

与此同时，我陷入了困境：在心理上，我将自己归类为外向者，因为我有社交能力。社会（主要指西方社会）多半都以外向型作为典范，所以我想这一切都很适合我。

这就好比身高 2.13 米又很擅长打篮球的人发现自己不太想当职业篮球员，反而喜欢做会计一样。

自然而然的，我不禁怀疑，想独处以及不想

当那种典型的外向者是否会让自己变成个彻头彻尾的离经叛道者。

不过，不只我有这样的想法。事实证明，我有几个朋友也是这样，他们对于那些没完没了的社交的感觉也跟我一样。我问过他们之后，才发现原来他们的朋友也一样。

其实被人贴上内向者或外向者的标签，只是由于我们忽略了社交电池及其运作的原理。

社交电池指的是我们在任何指定时间点所拥有的社交精力值。每个人都有一块社交电池，而且都会在某个点上消耗殆尽。但不是所有电池都是被平等创造出来的，有些人的电池比别人的大一些，续航能力好一些。外向者与内向者最大的区别在于社交电池电力耗尽需要再充电时所采取的方式不同。外向者是通过跟别人交际再充电的，即通过汲取他人的精力并提醒自己也能达到那个

精力水平来充电。对他们而言，独处反而会耗尽他
们的电池电量，让他们无精打采失去活力。

而内向者则通过独处再充电。跟别人在一起
会逐渐耗竭他们的电池电量，他们需要的是安静
的独处时间，将自己的社交电池再次充电，才能
再度与别人交际。

啊，所以这就是在漫长的社交活动过后，我
为什么需要停下来，待在电视机前懒洋洋地过一
段时间的原因。

内向者这个标签的真正含义跟社交能力的强
弱无关，甚至跟你有多享受社交场合也无关，只
跟你忍受社交的程度有关，你可以说笑、争论、
跟别人尽量亲密接触。只不过，你会想比别人结
束得早一些而已。

如果你一直努力去符合外向者典范的标准，却总是因为与之格格不入而宣告失败。当这种失败循环重复几次之后，你的自尊心和自我价值感必定会遭遇滑铁卢。

关于内向者，最好的状态是跟自己和解，不要想我必须达到一个对自己来说根本不可能达到的标准。如果你是个左撇子，而世界上所有的工具都是为惯用右手的人设计的，那你也不要觉得自己不对劲。同样，我不觉得我必须成为我不是的那种人，我可以毫无愧疚感和失败感地喜欢自己的各种内向型倾向。

更值得庆幸的是，我了解到确实存在指导内向者们既能做自己又可以尽情享受社交欲望的策略，所以我就可以事半功倍，更加光彩照人，并且社交电池能持续更长时间。

现在，每当我告诉其他人我是个内向者时，

他们都会很震惊。说真的，这本书只是一种对内向者的综合理解——是一本关于我自己如何与内向型倾向共处、如何设计生活、如何充分发挥自己潜能的书。内向的你只要鼓足勇气，就算是成功了90%。

目 录

PART ONE

第一章

理解内向

跑完马拉松之后还让人去健身房，这合理吗？

你已经在本书的引言中了解到了，对于内向者的含义有很多误解。我想在第一章将其一一讲解，让你了解自己是怎样的人以及你应该成为怎样的人。

对内向的误解

虽然内向者所占的比例很大，而且这个数字似乎每天都有所增长，但人们对于这类人的个性还是存在很多误解。大家都认为内向者很害羞、不会社交、不喜欢人群，一般跟别人相处也不太融洽，还有些人认为内向者没有礼貌或难以接近。

这种成见也可以理解，因为不可否认，很多内向者身上确实体现出了这些特性。但是，并不是所有的内向者都是紧张兮兮、不爱社交的落魄者，并不是所有的内向者都很胆怯、都很安静。害羞和焦虑可能都伴有内向倾向，但这并不能定义内向。

在社交高峰期，内向者跟外向者别无二致，而他们在历经社交活动后，疲惫时所采取的行动，才是他们的区别。如果你看到有人表面很害羞或难以接近，那可能仅仅是他的社交电池耗尽了而已。

一个人单独活动这并不表示他或她就是内向者。比如，热衷于派对的人未必就是外向者。他们可能在自己的舒适区之外就是个内向者。他们可能很喜欢去外面耗费精力，但是某些在他们控制范围之外的情形不允许他们按照自己的意愿行事。

　　人都能够适应环境，也能在必要时应对各种场合，但这会导致很多隐性的内向者终年都在努力营造自己是外向者的假象。如果你讨厌泡吧，但朋友们都喜欢，那你或许会觉得自己很奇怪或不正常。

　　同样，很多人常常将内向用作贬义，好像就因为你不想每天都在外面消遣，就有什么问题似的。如果对社交活动没有那么渴望，那你一定有近似于不爱交际和独来独往的倾向。跟任何事情都一样，我们无法在此描述得非黑即白。基于以下几个原因，这些关于内向者的观念是完全错误的。

　　内向者其实只是用于活动的社交精力比较有限而已。正如上面所述，这是由社交电池这个概念衡量的。试想，一个内向者的头上放了块电池计时器，每进行一次对话、每回答一个问题，电量就会耗费一点。当电量最终归零，他们就会很疲惫，需要通过独处和避免再进行社交活动这种方式进行再充电。一个内向者的社交电池再充电可能需要几小时、几天，甚至几个星期。

害羞、焦虑或是抑郁的人并不会基于其社交电池进行活动，因为他们在跟别人相处时会感觉不适。他们缺乏自信，感觉自己一直被人评判和挑选，甚至可能会将自己与别人的痛苦或不幸的经历联系起来。出去社交就是将他们带入消极的漩涡中的触发点，所以他们为了能舒适、自在，会避免社交。

内向者因为沉默寡言并且不像很多外向的人那样主动亲近别人，可能表面上会让人觉得难以接近或傲慢无礼。他们的肢体语言可能很冷漠，不常笑，缺乏眼神交流，但我们必须意识到——昏昏欲睡的人也是这个样子。如前所述，内向者对自己的感觉跟别人对自己的感觉也会有很多不同。你遇到的可能碰巧是刚刚进行了很多社交活动之后的他们，他们正要休息，需要恢复一下——这需要数小时或数星期的时间。

害羞的人、不善交际的人和内向的人从表面来看可能并没有太大区别，但你透过表象，就能理解他们的不同之处。内向者只是跟外向者有着不同的操作系统罢了。

如果你一连五个工作日都要跟别人说很多话，几乎没有时间独处，你或许会从星期五下班开始，一直到星期一早上，都过着隐士般的生活。这听起来像是个相当不错的周末，对不对？你甚至可能极端到避免跟出纳和咖啡师说话，只因为你觉得自己需要再充电，并进入独处状态。

人满为患的聚会对他们来说，就像是场马拉松，不管他们有多享受聚会。现在，问你自己这个问题：跑完马拉松之后还让人去健身房，这合理吗？这就如同你让一个社交电池耗尽的内向者继续留在聚会上一样。

从表面上来看，内向者可能很害羞，甚至会很冷淡、不安，但那可能只是因为他们累了，社交电池暂时没电了。你看到的是刚跑完马拉松的他们，他们已经没有能量了，能做的就是假笑或点点头了。

外向者就像是停在车库里的车子，如果你不能保证每周启动一次车子，汽油就会出问题，管道就会堵住。外向者不喜欢独处，有别人陪伴在身边时，他们会变得活跃和精力充沛。

外向者是社会的"能量兔"，总是意犹未尽，永远都不希望聚会结束。他们会第一个到达现场，最后一个离开。他们独处时总是很无聊。这并不是表示他们软弱或依赖别人，这只是说明，当有人在时，他们才会亢奋。

幸运的是，外向者具备大多数西方社会所看重的外向品质。这是外向型的典型脸谱，进而由大众传媒加以传播和巩固。这个脸谱戏弄了很多人，包括我自己，我们都曾经努力去做自己并不是的人。

我们注意到，健谈的孩子一般都更易受宠爱，更吸引异性的也多是喧闹又傲慢的个性。同样，在工作场合也是如此，求职者在求职面试中，都会将自己形容为"善于与人打交道的人"以及"极好的团队合作者"。我们也总是以某种方式试着模仿外向型的标签与特征，认为一切只是时间问题。

作为一个典型的内向者，我认为成功的关键是——知道自己的极限并设置期望值。记住，我们正从追逐外向型的社交节奏逐步转变为找到适合内向者自己的社交节奏。

· 知道自己在遇到社交活动时会碰壁。

· 知道你的日程表有时候会让别人透不过气。

· 知道你不管想不想参加都仍然想收到邀请。

· 知道你可能花上数小时或数星期，得以充分恢复社交电池才能再度想要进行社交。

· 知道别人不会理解你,并时常会期待你解释。

· 知道你的人际关系会因为你需要一段独处的时间而有所改变。

· 知道你觉得令自己愉快的事物的概念会有所改变。

· 知道外向的典范会不断地施加到你身上。

· 知道你在要求独处时，人们会感到怪异。

为了让你理解这些已经被滥用了的标签的重点，我们先看一下历史上最著名、最成功的内向者：比尔·盖茨（Bill Gates）、亚伯拉罕·林肯（Abraham Lincoln）、阿尔伯特·爱因斯坦（Albert. Einstein）、圣雄甘地（Mohandas Karamchand Gandhi）、奥黛丽·赫本（Audrey Hepburn）、史蒂夫·乔布斯（Steve Jobs），以及沃伦·巴菲特（Warren Buffett）。

他们所取得的伟大成就说明，他们并不会根据自己的需要，频繁地沉湎于自己的内向型的需要中。你能想象比尔·盖茨需要限制自己与人联系，并花三天时间用来再充电吗？

问题的关键是，他们都找到了明智的、有效的方式来为社交电池充电，以实现自己设置的目标。这也就是本书所关注的焦点：在你疲惫和需要独处时，如何最优化自己的社交表现。

你是内向者吗？

内向是诸多心理学理论所研究的主要个性特征。"内向者"这个词第一次与"外向者"一同被使用，是在20世纪20年代声名卓著的心理学家卡尔·荣格（Carl Gustav Jung）出版的《心理类型》（*Psychological Types*）一书中。

据荣格称，内向型是一种心理模式，在这种模式中，个体认为自己真实的内在最为重要。

这就是说，内向者往往更加关注内心，常常远离外部世界，以集中精力关注内在。他们一般更关注自己内心的想法和情感，而不是热衷于试图从外部环境中获得刺激。这些个体通常不对别人说任何事，对于外部世界的要求具有防御心理。他们爱好沉思，谨慎小心，像只猫一样——猫时

而想玩耍，时而你又无法将它们从床底的隐藏处
拖出来。

我们如何知道一个人是不是内向者呢？内向
者有很多特征，我们可以根据这种性格类型将他
们区别出来。

首先，内向者不介意独处——往往更喜欢独
处。他们会很舒服自在地独自打发时间，认为自
己暂时脱离了喧嚣的外部世界，获得了解救。看
书、看电影、玩单人游戏，他们很容易就能够自
娱自乐。如果内向者是一只隐身的猫，那么外向
者就是一只希望一直得到爱抚的金毛猎犬。

其次，内向者觉得闲聊很浪费时间和精力，
比其他活动都更容易耗尽他们的社交电池电量，
而且闲聊似乎一点意义都没有。他们觉得最好还
是将宝贵的社交精力用于重要或亲密的活动。

他们喜欢派对、家庭聚会，也有跟朋友通宵

在外面玩等想法。但是，参加这些活动对他们来说是种累活儿。参加活动光是想想可能挺兴奋的，但真正参加往往会很累人。

相比于去泡吧或俱乐部，内向的个体更喜欢为几个知心朋友做饭。相比于持续至凌晨三点的扑克之夜，他们可能更喜欢下班后在电视上看场篮球赛。这些个体常常宁愿错过什么，也不愿面对社交带来的疲乏。

外向的个体要理解内向者可能有点费劲。他们可能觉得内向者很难理解，因为对外向者来说，如果你喜欢一个人，就想多跟他待在一起。内向者的朋友理解内向者的内心很重要，因为这样他们才不会因为内向者拒绝他们的社交邀请而耿耿于怀。不管内向者拒绝了何种外向型行为，那都是因为他们自身的原因，与外向者无关：绝大多数时候，内向者这样做其实是在进行自我保护，避免引起不适。

同样地，记住以下这些要点也非常重要：

·尊重他们独处的需要，不要介怀。

·给他们适应新环境的时间，因为他们已经很不适了。

·不要因为觉得他们冷漠而滋生怨恨，这只是他们的内向型性格造成的。

我们每天都会遇到内向者，学着如何跟他们建立更加和谐的人际关系吧。如果你确定自己就是内向者，多理解一下自己，这将有助于你跟别人联结和共存。承认我们之间的不同点，这其实有助于构建平衡，也可以避免社会上很多人对我们内向者产生不公正的期待。

我们都有自己的生活方式，仅仅因为别人有

自己的处事方式，就对他们指手画脚是不对的。
如果你喜欢巧克力，你能因为别人喜欢香草而指
手画脚吗？

内向者和外向者有什么不同？

由于这本书中的内容是可以付诸行动的策略，
你可能对于内向者和外向者在脑化学方面的真实
差异不太感兴趣，所以我将分享给你其中的一个
主要因素：基线觉醒。

内向者的大脑拥有较高水平的基线觉醒：基
线觉醒一直都很忙碌，永远不会关闭，这跟众多
研究人员〔包括汉斯·艾森克（Hans Eysenck）〕
的研究结果一致。

将大脑想象成电力发电机。假使一台电力发

电机处于待机状态下的运行功率为 500 瓦，另一台电力发电机处于待机状态下的运行功率为 50 瓦，两台电力发电机都在功率 1000 瓦时停止运作。

内向者就像是在 500 瓦功率水平下运作的电力发电机，也就是说它一直都处于活跃和警惕的状态，时刻在分析。

但是，500 瓦相比于 50 瓦更接近 1000 瓦的极限，也就是说这台电力发电机更容易招架不住、更易爆炸以及停工。因此，我们要很小心地确定给电力发电机多大的刺激，否则它就有可能由于外部的干扰和电路超负荷而停工。

对于内向者来说，这些干扰一般可能是过多的社交活动、交谈或有很多人在场的情况。

而外向者可以应对周围满满都是人且噪音很大的情形。毕竟，他们一开始只在 50 瓦的功率下运作。社交活动之后，他们不需要疏通以及独自再充电的时间。因为他们只受到了最低限度的刺激，所以他们积极寻求极度刺激的环境，以提高自己的觉醒水平。

还有一种类似的有益方式，是将外向者比作钢铁之墙，而将内向者比作玻璃窗。显而易见，打破玻璃窗只需少许撞击，因此内向者由于自己内在的构造而更加敏感，甚至有时候，对于自己如何才能兴奋而束手无策。

内向者必须稍微加快节奏并保证自己的平均使用功率低一点，这是因为他们跟外向者的起步功率不同。

PART TWO

第二章

意料之外的优势

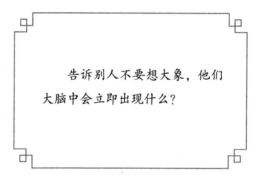

告诉别人不要想大象，他们大脑中会立即出现什么？

坐在那儿感叹外向者近乎超人的能力——直到深更半夜还在汲取精力——他们好像是精力吸血鬼，周围的人越来越疲惫，他们只会越来越强大，仿佛他们将别人的陪伴当作维持自身的精力。他们是怎么做到的？

记住，外向者其实是靠不一样的脑化学在运作，所以不要因为没有达到那些标准而灰心丧气。毕竟，你过去也有过那种精力，但是，这更像是种例外，而非规则。

现在，我们来想象一场只有内向者才参加的聚会。聚会将很早就开始，大家三五成群聚在一块儿，就重要的问题进行实质性的交流。接着，每个人的社交电池都开始流失电量，他们开始厌倦其他人的存在，开始越来越尖酸刻薄。然后，大家都很早离开派对，及时回到家，观看自己喜爱的电视节目。

如果有几个外向者在场，就会有全然不同的场面——在这种情形下，场面会更好吗？外向者有很多令人惊叹的方面，但不要这山望着那山高，你不该将自己的优势弃之如敝屣。记住，内向者可以做到的事差不多跟外向者一样，只是不像他们那么频繁或一贯。但在有些情况下，外向者可能永远都无法做到本章所讨论的事宜。

外向者的劣势

确实存在外向者典范的压力，如果每每受邀

参加各种社交场合，我们都前去赴约，那么生活可能会更加一帆风顺，不仅外向者觉得如此，内向者也会有这样固有的感觉。这个想法极具诱惑力，但这不过是将"这山望着那山高"，换了种说法而已。外向者的生活之所以顺风顺水，不仅仅是因为他们在人群中穿梭的原因。

其实，这本身就是个陷阱——正如你在生活的其他方面所认识到的一样，依赖于任何你自己无法提供的东西，到头来还是非常危险的。外向者独处时会感觉到孤单和不满，在别人看来，他们作为朋友或重要的他人，可能确实依赖性强、黏人又难伺候，尤其是当他们总是叫同一群人出来社交的时候。

他们可能会让人精疲力尽，是那种在聚会上永远都不离开的朋友，总是因为逗留过久而不受欢迎——只是他们自己不知道而已。假设，你突然有个假期，朋友们因为都要工作而不能陪你，你准备独自一人度假，你会因为没人陪，而觉得提不起精神或感到无聊吗？

外向者会因为无法满足别人的期望而感到痛苦。如果根据对外向者的固有印象，你可能觉得外向者是具有大量精力的人，有时候大家会依赖他们并从他们身上汲取这种精力。没错，有时候这可能构成双向的互益性依赖。但如果你有时候感觉不到这种依赖，或者就是觉得很累，那该怎么办呢？一般都认为外向者应该是永远乐观向上、可以进行任何交流的人。实际上，这种观点是外界对外向者的主观期待。对于外向者而言，这种期待可能已经成了负担。

站在聚光灯下可能感觉很好，但是聚光灯会越来越热。担当聚会的活力源泉，可能也意味着你身负重担：你要负责让这场聚会继续下去。这是很重的责任，可能会压垮很多人，即便他们自然而然承担了这样的角色。如果这个人的个性不适合这个角色，那这个责任就会格外沉重。

要成为一个外向者，你必须有着极强的自我维持能力，成为社交精力的来源。别人从你身上汲取精力，你也为别人提供精力。这就是说，你必须付出大量的精力，却只能得到一小部分的回馈。

外向者也会因为无法满足自己的期望而感到痛苦。大家应该喜欢你，你也应该跟别人以及别的群体和睦相处。你期望自己的社交表现良好。

那假如别人不喜欢你怎么办？我们无从得知的是，你是否已经变成了那种，在貌似没有任何自我意识的情况下夸夸其谈的"男人"或"女人"。你一直都在转让自己的精力源，这是个非常可怕的问题。你可能是大家关注的焦点，但他们可能是因为错误的原因而关注你。你会继续寻求大家的关注，即使他们不是因为欣赏才关注你。

你或许觉得这很令人苦恼，尤其是，当你想像外向者那样参与社交活动，但这种参与又导致别人不断冒犯到自己的界线。就像你跟一个喜欢见到你的、活泼的小狗玩一会儿，它可能就会一直戳你，甚至还会在地毯上拉屎（我不是将外向者比作狗狗，这只是个恰当的类比），然后过分到让你生厌。

这整个过程是那么漫长，让你不由得觉得当个内向者也不算太糟。

内向者不会依赖别人，很少会变成那种夸夸其谈的"男人"或"女人"，因为他们不会在人群中待太久而惹恼别人。如果连外向者都觉得闲聊很无聊，那内向者就更会觉得闲聊是一种精神上的折磨。虽然他们可能只要有需要，就会应邀并出门赴约。如果他们说了算，那他们宁可不去。结果，你就发现内向者跟外向者不一样，因为他们不太经常越过别人的界线。

当然，如果内向者不太参加社交活动，甚至参加的活动少得有点过分，那别人可能会觉得他们很消极。

别人本来就不指望你出现在聚会上，散发魅力，或者疯狂跳舞，或者帮忙招待别人。大家邀请你，是因为他们喜欢有你的陪伴，而不是因为你可能制造的社交氛围。内向者可能更想离开，所以，别人本来也不会期望能跟个安静的疯子一起玩得尽兴。

最后，内向者或许会慢慢地对自己的社交圈有更为精准的见解。他们往往会参加人比较少的聚会，相比于相聚时间的长度和宽度，他们更注重相聚的高质量。他们知道自己喜欢谁，喜欢跟谁一起消遣。不过，这也有可能是一厢情愿。他们愿意跟别人保持一定的距离，或只把他们当成是熟人。

总之，这是一种平衡。

内向者的快乐自给自足

按照定义，回想一下，内向者是如何从独处时间中汲取精力的，跟别人在一起不是他们喜欢的享受方式。这就是说，他们极其独立，甚至更喜欢单独活动。

他们倾向于自娱自乐，因为这样他们才会更开心。外向者喜欢从人群和活动中获得刺激汲取能量，而内向者在任何环境中都有可能受到刺激。

一种是依赖于别人，一种是自给自足。

两种性格类型各有哪些有趣之处呢？

由于内向者不必依靠别人才能快乐，所以他们产生了一种对于无聊的相对免疫力。他们总是有事可做可想，不依赖于别人就能感到快乐、不依赖于别人就能获取精力或组织活动。他们累了时，只会后退一步进行再充电，这反而能够推动他们再度自给自足，再度活动自如。毕竟，躲开人群比跟他人一起消磨时光更简单，对不对？如果对比一下精力源，那么内向者的精力源更加无穷，且更容易找到，外向者的精力源相比之下则稍微差一点。

内向者有时会为了满足自己的需求而缺席，他们可能就是需要那种不用怎么维护的朋友关系。由于内向者可能会过分地自给自足，偶尔还会产生隐士心理，这可能对他们不利。但总体而言，意识到自己基本永远不会无聊，这一点还是相当不错的，除了个别人以外。

内向观察和自省

内向者与外向者相比往往更频繁地活在自己的头脑中。这未必就是说他们智力很高，也不一定是他们的心智功率提高了，这只是意味着他们善于观察与思考。将此归结为一个事实就是——当你选择聆听而非说话时，那你就处于收集信息而非传播信息的状态了。

对于某些内向者来说，他们的内在独白就是他们希望能够开启和关闭的东西，不过这也是他们的优势的根本所在。内向者倾向于思考问题、适应环境，这比外向者做得要好，因为内向者更有可能处理信息，而非表达情绪。

这也是他们可能不常常表达自己的一个原因：他们在思考要说什么，在开口说话之前，权衡这些话是否合适及其带来的影响。他们将所有的信息都加以考虑，比如自己说这些话时的表情、语气、肢体语言、潜在的暗示和假设。

这可能有助于分析情形中的风险解决问题。这种周全的思虑也能让他们比别人更容易纠正错误。当偏题或犯错时，他们能够精确地找到问题所在，并不再犯同样的错。其中有一种自然而然的谨慎——毕竟，内向者的主要动机不就是避免社交不适的情形吗？内向者只是更有可能考虑自己、环境和当时真实对话之外的一切。再说一次，这不能说明他们有多精确或多有洞察力，只不过是他们就某件事花的时间和精力比较多，相应地他们就能够提高精确性和洞察力。

反省和思虑是内向者最伟大的力量之一。这可能也意味着他们对于生活中的一些刺激以及别人的行为更加敏感，这种特点非常适合观察别人，甚至是引导别人。

内向者更加高产

同样地，内向者太过善于观察和分析，他们可能更倾向于深度工作和不间断的工作。

内向者喜欢独处，寻求隐居，而适合隐居的环境也更是有助于高产的环境。他们不能容忍别人身上令人分心的干扰物，偶尔像躲避瘟疫一样躲避人群。一间没有别人的空房间像极了内向者会觉得舒服自在的环境。作为内向者，你可能也会全神贯注地处理大量的信息。那就是说，你可以比别人准备得更好，可以更加见多识广，寻找到别人看不到的关联。全神贯注也能够更好地规避风险，看到一些别人看不到的细节，这给了你产生并提升影响力的机会。

相较于单打独斗，团队合作可能更高产更高效，但内向者关心的是让他们产生疲惫的其他东西。

倾向于独处可能导致内向者在身处喧嚣时有意地排除障碍，切实利用工作时间，或独处于小隔间里，不听周围的谈话。他们不需要聚光灯，会保持精力集中，且很乐意在幕后工作。他们的情感需要并没有因为远离人群而有所匮乏，也正因为如此，他们能继续工作。

内向者的这种行为可能会导致其过于集中精力工作、避免办公室政治，而忽视开辟重要的人际关系。当然，在工作中，适度一如既往的重要，但适度并不意味着要否定在工作中保持高产的人。

如果不是完全隐居的思想，那么可以承受较高的孤独感可以成为用人单位的雇佣条件。因为世界趋于这样一种状态：内向者更加高效和高产，科技的进步更偏爱内向者。

内向者倾向深度联结

这句话你可能听过很多次，那就是：内向者都是极好的聆听者。

这有可能是真的，不是因为这句话常常被人挂在嘴边，而是因为，相比于积极聊天和参与，长期的聆听能让他们的社交电池电量流失得相对比较慢。这是一种被动方式，他们问问题，聆听答案，因为这比讲述关于自己的故事更容易些。

内向者善于聆听，也有一部分原因是因为他们更加关心他人，他们说话少一些，这样能让别人多说话。但是，这不意味着他们跟有意识或下意识交流的人更加一致。

除此之外，内向者喜欢聆听还有其他原因——当人们说话时，他们可以关注到别人没有关注的一面。你可能听到的是某人平凡的周末生活，内向者或许能听到某人为什么在那个周末跑断了腿。

这当然产生了一种自我维持的循环：你越让别人多说话，他们就会越有趣，你越关心，就越希望听他们说话。当你好奇某人或某事时，你就会想尽办法了解他们。

关于内向者还有一个动态，就是倾向于一次只跟一个或几个人交际。因为大型聚会会让他们不必要地流失掉电量而疲惫，所以他们不喜欢大聚会，但他们可以忍受值得参加的小型聚会。在小型聚会里，他们更容易从更深入、更个人的角度了解别人。

有些人可能也认同内向者往往会打造更深入的联结，他们憎恶闲聊和肤浅的交流，这会让他们的社交电池电量流失，而无法达成任何实质性的目标，所以这只能给他们带来不适感。因此，他们希望进行有意义的对话，谈论真正的话题，产生情感的交流。这种交流可能也会耗费电量，但内向者感觉这很值得，因为起码其中有切实的回报。

如果内向者更喜欢小团体的聚会和深入的聊天，那么深度联结其实是一个自然而然的结果，很容易就能形成。这并不是说外向者不能做到，只不过外向者可能更倾向于不需要动脑筋的闲聊而已。

召唤内心的外向者

人是复杂的，虽然你天生有 X、Y 和 Z 等多个面，但这并不是说你不能在有需要的时候扔掉内向者的手铐，将内心的外向者引出来，希望参加聚会，还能够不断跟别人社交。

这并不仅仅是试图变成你不是的那种人的问题，如果我们要表现得跟我们并不是的那种人一样，就会给我们带来沮丧感，而操纵你的社交电池也会让这种沮丧感加倍。试图变成内向者的外向者会变得无精打采，感到孤单，而试图变成外向者的内向者则会觉得疲惫和沮丧。

内向者如何召唤出内心的外向者呢？你可以利用两种微妙的心态进行转变，重新整理你的心理，根据需要投射出外向者的特质。

首先，试着少一些自我意识。

如果你无法停止考虑你在别人眼中的样子，你就不可能清晰地传达你的想法。记住，内向者和外向者的大脑的主要生物学区别是——觉醒的水平基线，这就是它为何会对你产生负面情绪的原因。

当内向者说话、聆听或反应时，他们总是多次核查自己的号码和仪表盘，他们在实时监测自己，试图后退一步并研究整个对话和情形。这也是内向者如此精疲力尽的其中一个原因。这个世界围着你转，而你生活在自己的大脑中，又不能关停在后台处理的部分脑细胞，所以才会慢慢耗尽自己的社交电池。

内向者也总是能自觉意识到自己的社交电池的状态。他们了解自己，知道自己只有一定数量的社交电池电量可以使用。他们在社交场合中可能十分焦虑，不是因为人群让他们局促不安，也不是因为交际威胁或吓到了他们，而是因为当社交电池电量耗尽时，他们知道会发生什么。

你越关注自我意识的问题，就会变得越有自我意识，在犯错时就会感觉越糟糕。这就好像如果告诉别人不要想大象，你觉得他们大脑中会立即出现什么？

说到容易做到难，试图摒除杂念并主动关停后台正在处理的活动，这会让你的外向性主导一切。开始的一条途径是不再关注内在的自我，而是去关注眼前的人——可以说是参与进去，沉醉在他们的言语、故事和仪态中。

我们可能会陷入太过于自我监督的境地，以至于不允许自己对其他事物太感兴趣或好奇，因为你更担心自己很快就会将社交精力耗尽。而真正的好奇心是彻底消除自我意识的最简单的一种方式，因为在那一刻，你差不多已然忘记了它。

还记得你孩提时代每月一更新的对新事物的执念是什么吗？对我而言，那种执念是恐龙，你根本无法让我闭嘴不谈论它们。如果我知道你了解恐龙，不管是了解哪一方面，我都会问个没完，直到父母逼我上床睡觉为止。

这跟很多人为什么喜欢进行体育运动，不喜欢仅仅在健身房里挥汗如雨有点相似。当你可以忘我地沉浸在跑步或跳跃的那一瞬间时，你就在享受这项活动，因为你忘记了关于健康的所有事。自我意识让步于一种更强烈的动机。

你越享受，自我意识就会越少，社交电池就会撑越长时间。

其次，试着不要那么指手画脚。

扪心自问，内向者能看到很多供他们指手画

脚的迹象。他们例行公事一般将别人划分为关注内在型的、分析型的和更为冷淡型的人。而且，他们很容易就会厌倦人群，因为他们的社交电池电量低，但也有可能因为他们觉得这些人不值得耗尽电量。

不管喜欢与否，内向者都有指手画脚、吹毛求疵的倾向，而且从不给疑问留下余地。这通常是一种消极的特性，不管你认为自己多么正确。基于别人身上零星的信息或零信息，就迅速对别人做出了判断。这是基于假设和不完全的信息所做出的判断，基于冰山的一角以及可能不太能够代表某人特性的一个瞬间而对其做出的判断。

如果确定自己是个内向者，那你或许会觉得很难辩驳这一点。当内向者指手画脚时，这通常意味着他们看到的是别人身上最糟糕的部分，他们没有考虑到环境、事情的来龙去脉、人们产生某种行为的理由。

这个消极的思维过程会产生什么影响呢？那就是他们往往觉得自己的所思所想都是事实。

因为内向者将别人强行放入了预先设定的盒子中，他们对别人的期待值也就相应地跌入了谷底。这是因为他们过多地活在自己的头脑中，仅仅通过观察环境而不是参与进去就做出了判断。随后，如果他们觉得别人不太好，就会离开。

老实说，你真的觉得大家不够好、没有趣、不好玩、没有意思、不睿智或不值得你浪费时间交往吗？

不，不是的，其实你只是不关心而已，但这会侵蚀你让外向型主导一切的能力。而且，这会导致你的预言自我实现：你将其他人视作无聊的人，所以你问他们一些无聊的问题，得到的也会是无聊的答案。

如果你能克制自己不指手画脚且能少一些自我意识，你将发现自己可以轻松拥有这些违反直觉的独特优势，而不会轻易就厌倦人群。你会发现，这未必是个弱势，只是一种应对社交场合的不同方式罢了。

PART THREE

第三章

你可以不那么累

在不得不给孩子狠狠扎一针时，你会怎么做？

在不得不给孩子狠狠扎一针时，你会怎么做？当真的需要这样做时，内向者和其他性格的人并没有多大差别，同样，在他们的社交电池如何耗尽这一方面也没有多大差别。

然而，虽然社交电池如何耗尽的问题看似微不足道，但对人们如何看待自己所遇到的情境影响极大。一切都有可能令人兴奋也可能引发焦虑，可能很有趣也可能不值得费心，可能令人享受也可能使人精疲力竭。毫不夸张地说，内向者的行为由其社交电池决定，这跟狮子爪子中的那根刺决定其行动别无二致。

所以他们没有时间和机会将自己锁在房内再充

电。因为内向者每天担负了一定量的义务和责任，所以他们没有时间和机会将自己锁在房内再充电。一旦达到社交疲劳的临界水平，他们会做些什么呢？很可能在绝大多数时候只会试着扯出个假笑，像个打量自己的猎物的精神病患者那样。这时，朋友们就会问："你为什么毫无来由地发脾气呢？"

因此，本章不仅讲解如何将社交电池容量扩大50%，同时还着重于讲解如何保存电量，让人们不那么依赖它。

试想一下，你随身携带的备用电池可以让你的社交容量始终维持在50%左右，这就足以给你安全感，因为电量一旦跌到10%以下，就无法回到初始状态了，除非你躲起来踏踏实实地充电。你总说你可以做到最好，但由于你永远都那么累，很可能在展示你才能的机会到来前，你的社交电池就已经没有电了。

沉默反应

采用沉默反应会将你的焦点从心智能量转移到面部肌肉上，这将减少社交电池的负担。

在我们跟人交谈时，反应占据了对话的绝大部分，可能比你想象得要多得多。你说话时，就是在积极参与；别人说话时，你也应该在倾听时积极参与，恰当地对别人的话做出反应。遗憾的是，倾听并非一种被动的活动。跟别人不带任何反应地聊天，无异于对着一堵砖墙说话，即便别人的话令你振聋发聩或产生了其他任何形式的影响。

反应首先是表示你承认听到了，并且在理解别人所说的话。人的反应多数通过语言表达，有时候也可以通过问问题的方式来表达。这不仅有点耗费精力，而且会耗费大量的社交电池电量。

形成沉默反应的习惯，就是用身体语言、面部表情或口中所发出的非语言声音等做出反应。如果你想养成沉默反应的习惯，那可以假装自己是个无法通过语言做出反应的人，这样可以帮助你找到非语言表达的感觉。

做出无声反应，其目的是承认并让对方感觉你已听到和确认。你可以用这种最有效的方式尝试隔绝对方正在传达出的原始情绪，并让他们体会到这一点，如果有人跟你说他失事汽车的事，你可以不通过语言跟他们表达你的悲哀和沮丧。如果有人跟你说他被某个粗人责备了一番，你可以表现出嗤笑和难以置信的表情。

其实，在别人告诉我们某件事情或分享他们的感觉时，并没有太多的情绪需要我们做出反应。这种反应通常只需要表现惊讶、震惊、幽默、悲哀、愉悦或诧异的情绪即可。

挑挑眉、挥挥手的沉默反应比组织语言回应或回答别人稍微容易一点，所以这种方法非常奏效。相对来说，即使面部表情有点不自然或是勉强，用身体语言和面部表情来表达可以做到不言而喻，这种方式也更容易一点。

什么是非言语性噪音？

这类噪音包括平调、升调、降调，以及不同长度和音调的"嗯……"或"呃……"，这些如此简单的声音能传递出很多东西，甚至可以将整个句子的意思替换掉。有些非言语性的噪音可以是问题、陈述，甚至还可以是观点。这些非言语性的噪音能够轻易取代整个句子或问题。用其中任何一种方式，你都能进行同样丰富的表达。

比如："你喜欢杧果吗？"

用不屑的语调说"嗯……"很明显就代表着"不喜欢"，但如果拖长了音说"嗯……"可能就代表"对，有时候喜欢……"升调的"嗯……"可能表示"抱歉，你在说什么啊？"

用唱歌般的语调说"嗯……"可能就表明"对，我没了它活不了"。

这些是最不耗费精力的回复，只需要用某种语调发出点儿喉音就可以了，再配个延伸，你就不用一句一句地去说了。这样可以使你的社交电池续航更长时间。

提问专家

根据以上提到的一点，社交互动会耗尽你的社交电池电量，这其实是切实在响应别人并提供自身经历，比如讲个故事或简单聊一聊你这一天的经过。

　　问别人问题其实并不会多耗费你的社交电池的电量，这与回答问题相比，你从被动的角色转变为更加积极的角色了。试想一场求职面试，被面试者应该说些什么或感觉到多少压力呢？——其实应该努力在面试官面前展现出更为放松的一面才是。

　　换句话说，要尽量轻松地进行交流，变成提问专家。大家喜欢谈论自己以及自己感兴趣的东西，如果你能够问一些能够体现出你的兴趣的问题，那说明你可能暂时适应了。

　　你上次连续向别人提出5个问题是什么时候？你有没有感觉很奇怪或不舒服？如果你回答：是，那很明显你不经常问很多问题，也没有积极地回答问题。

　　在这里，我有个建议可以帮你扩充社交电池的电量。那就是：不管别人如何回应，你都要问他们 4 个问题。问完 4 个问题后，再分享一下与自己相关的事。这个 4:1 的比率能说服别人谈论自己。即使你觉得自己该再多问几个问题，但有时候很难想出要问什么，这反而会让你感到疲倦，让一切适得其反。所以，不要忙着想问题，这里有各种各样的有效的模板，可以教你问更多实际的问题。

具体问题

具体问题是有关某个话题的具体细节和构成部分的问题。如果在谈论桌子，具体问题就是：你在哪儿买的、花了多少钱、什么材质、你为什么要买这张桌子或谁付的钱，等等。这就是在问信息和事实的特殊细节。

宽泛问题

宽泛问题是缩小一个话题并试着了解它的来龙去脉的问题。如果在谈论桌子，宽泛问题就是：买新桌子的动机、室内设计、思考过程或老桌子为什么不合适，等等。这就是在问想法和理由，而不是信息和事实。

你也不必非得使用这个模板，但你有必要问更多问题，偶尔也要对别人施加一些压力，将聊天的责任转嫁给别人。

爆发性对话

我喜欢把这个叫作"闪电战"方式。

其实，如果你被迫跟别人进行互动，但又不

确定要互动多久，那就可能有点像望着珠穆朗玛峰一样要却步了。（这就是为什么电梯里或杂货店队伍里的闲聊不那么糟糕的原因——因为我们能清楚地知道何时可以逃离这场对话。）

谁知道你会不会对这个人感兴趣，他们自己健谈不健谈，更不用说这会有多耗费精力了。这是一种投资，也一样会耗尽你的社交电池电量。

不要进行 60 分钟不温不热的社交，你要集中精力进行 20 分钟短暂的爆发性对话，极力地去参与，对另一个人表现出浓厚的兴趣。这激烈的 20 分钟可能跟 1 小时假装关心和微笑所耗的社交电池电量大致相同，所以你最好还是好好利用那些精力。

最坏的情况是，你能节省 40 分钟，尽早结束总好过拖拉更长时间。最好的情况是，你发现自己真的很享受另一个人的存在，而这股强烈的参与模式能让你们建立起正式的默契和联结。

如果你觉得无法将交际缩减至 20 分钟，那你可以采取策略，安排活动，将对话切分开来，比如一起看视频或散步，那样你起码就不用一连聊上 60 分钟了。

如何应对闲聊

绝大多数内向者要么喜欢闲聊，要么很讨厌闲聊——好吧，大部分其实是讨厌闲聊的。

我们不愿意承认的是，闲聊通常是建立真正的人际关系的方式。无论我们遇见谁，闲聊通常是我们跟别人建立起深层次的联结必须越过的门槛。

闲聊多半是为了达成最低的共同点、最低的

共识。你想努力说出人人都能产生共鸣的话题，这就是为什么天气、交通和流行文化事件的信息会这么受欢迎的原因。

但是，劳里·海尔格（Laurie Helgee）在其畅销书里说道："我们都讨厌闲聊，因为我们讨厌闲聊在人与人之间所产生的屏障。"闲聊虽然能够让我们进行完整的对话，每个人都说了很多，但却毫无意义可言。然而，闲聊至少能够填补沉默，这也是我们按照社交礼仪行事的方式。

当大家都不关注闲聊的内容、任其自行发展时，闲聊通常会退化为跟天气一样空虚的喋喋不休，闲聊就仅仅是闲聊了，变成了浅显而肤浅的唠叨，浪费了宝贵的社交电池电量。

当然，事情也未必会这样。不要习惯于从一个肤浅的话题跳到另一个肤浅的话题，你只需绕过去，跳过这个话题，直奔你觉得重要或感兴趣的话题。应对闲聊的最佳方式（其实所有人都是如此）就是退出闲聊，努力跟别人建立真正的联结。

不要问天气如何，要问大家对于悬而未决的政治形势做何感想。不要问交通如何，要问别人对于自己的职业的世界观是怎样的。不要问别人周末过得如何，要问他们最尴尬的瞬间是什么。这些问题不会打破僵局，但可以跳过那段本不需要存在的肤浅的对话。你不需要在研究他们真正的想法和感觉之前，仅仅出于礼貌而去问别人的背景。

要完全避免闲聊，就要深入探讨一些有意义的话题和问题。如果你谦恭有礼，似乎真的对别人的话很好奇、不加以指手画脚，那么你冒犯的唯一界线就是你脑海中的界线。

为了继续保持这种趋势，你要将深入探讨当作目标并对问题深入挖掘。广泛以及宽泛地讨论问题注定会很肤浅。实际上，探究的领域越窄，探讨的深度可能越深。缩小探究的领域，要多拓宽一米，就要多挖深一千米。

关键短语：

1. 为什么？

2. 再详细说一说。

3. 你这么做是怎么想的 / 有什么动机 / 有什么目的呢？

4. 这个让我想起了我生活中的一件事……

5. 那是怎样影响你的生活的呢？

6. 你能再详细地说一说那个问题吗？

7. 跟我说说那个故事的起源吧！

8. 那件事让你做何感想？

试着问一些谁、什么、何时、何地和为什么之外的问题，你关注的是大家感觉到的情绪以及他们在生活中采取这些行动的原因和结果。

你也可以有意识地将这个话题转入你感兴趣的领域内，从而更加深入地探讨这个话题。当你越来越愿意跟别人谈论某些话题，可以在这些稍微格格不入的话题中怡然自得时，那大家立刻就会喜欢上你，因为你亲密地对待他们，而不是当他们是陌生人。

你跟你朋友都谈论什么话题？回想一下你跟密友最近所进行的几次聊天。现在将那些聊天与你跟网络上遇到的陌生人可能进行的聊天进行对比。你可能觉得与陌生人聊天有必要保持安全，不能指手画脚或冒犯对方。但是哪一种更有趣更快乐呢？答案是显而易见的，那种深入的、你认为会冒犯的对话更有趣。

转移注意力

这个部分还可以用一个短语来形容：把自己当成孩子对待。在不得不给孩子狠狠扎一针时，你会怎么做？你可能会用小丑或柯基犬转移孩子的注意力，让他们不去关注疼痛。

另外，扩充你的社交电池容量的好办法就是，给自己定一个目标，转移自己的注意力。比如：我喜欢去海滩度假，但我却不喜欢在那儿多待，因为懒洋洋地晒太阳不是我理想的度假方式。

我喜欢太阳和水，但我不喜欢海滩，因为它给我毫无目的的感觉。人们去海滩仅仅只是因为那是海滩，而我去海滩则是去打排球或欣赏令人叹为观止的日落景观的。我去那儿有个明确的理由，这会让我更心满意足。这个理由真的能令我为之兴奋，而不只是倒计时数着离开的时间。

多数的内向者看待社交就像我看待海滩一样，虽然他们有很多时间，但没有关注点或目的，这会让他们不由得想逃避。为了社交而社交不是我们的兴趣所在，因为这会耗尽我们的精力，可能会将我们置于不适的境地。我们在打完排球后也会感觉很累，但这是在打完之后才意识到的，而且这也不会搅乱我们的这一天。

所以要用社交目标转移自己的注意力。如果你的目标或目的高于一切，它就可以鞭策你继续进行社交互动，而这往往能催促着你超越自己的社交电池电量的极限。

让我再举个例子。

假设你的社交电池因为这一周每天都要进行4小时的工作会议而耗尽了，你精疲力尽，只想回家，想躲在被子里面躺20个小时左右，但你的车子在回来的路上抛锚了，手机又没电了，逃避这种情形的唯一方式就是打信号叫停另一辆车，然后施展魅力，好用他们的手机和撬胎棒。除了使用手机和撬胎棒之外，如果你想让他们载你去最近的修理厂，那需要的就不是少量的闲聊和社交互动了。

在这种情形下，社交互动会是个问题吗？不会，因为你的目标高于一切，可以让一切都让步。你修理车子的目标不允许你产生社交疲惫感，因为你有需要完成的事情，你也能够完成，不管你有多累。

这就是拥有社交目标的力量。

如果你害怕人际交往活动（我们都多多少少有些害怕），那你可以采用社交目标来达成一些事，而不只是去进行没有结果的人际交往。人际交往的目标再清晰不过了——你要么想开拓自己的职业生涯，要么想推进公司的成长。如果你的公司真的缺少资金，或者你急需找到一份新工作，那你的社交目标就能帮你撑过那种社交疲惫感，进而多认识几位陌生人。

社交目标能够让你不再考虑自己的社交精力支出，而更关注于当下更重要的事。不要进行那些随心所欲、无限制的社交活动，要清晰地知道你想实现的目标，然后为之倾注所有努力。这也是个动机问题，你的愿望和需要会鞭策着你往那个最终目标前进，这可能是你留在社交场合的最大动力，"坚持到底"与夹着尾巴匆匆逃跑截然相反。

毕竟，人类都是喜欢快乐的生物。我们往往会逃避痛苦，向往快乐。预先设定社交目标的过程，可能无法让你从延长了的社交互动中获得更多的快乐，但能极大地减少社交给你带来的痛苦。

跟别人或你自己竞争。

不要无精打采地进行人际交往，要在聚会前设置参加聚会的目标。聚会的目标可以是尽可能多地收集商业名片，还可以是：在聚会上了解大家的名字和出生地，至少跟两个人分享自己的故事，至少两次成功地与一个人出去呼吸新鲜空气，跟三个人交换社交媒体账号，了解四个人的尴尬经历，等等。

福尔摩斯是赫赫有名的文学作品中的侦探人物，他会利用自己强大的推理技巧问别人问题并进行观察。你可以将自己的目标设置为尽可能多地了解别人、观察他们，然后通过几个假设拼凑出对这个人的整体理解。

尽可能多问些问题，根据你的观察去发问，并在问他们这些问题时验证你的猜测。利用你的好奇心，试着找出你遇到的人身上的有趣之处。

目标能够让你体会到意料之外的动机所带来

的快乐，而这往往能让你不断往别人身上花费精力。这确实是潜在的目的带来的不同——就是要比关心疲劳更关心他人。

有效独处

找到自己的安静时光，当然，独处是你维护社交电池最常用的方式，其他技巧只能让电量流失得慢一点。

有效独处的第一步是每天进行规划。如果每天都能进行独处，你会在第二天感觉特别好，对此你可能会很吃惊。有些人可能只需要每周进行一次独处就可以，而其他人可能需要在午饭时、睡觉之前独处才能好好过完这一天。有些人喜欢每天吃六餐饭，而其他人只吃一顿大餐，这一天就再也不吃别的了。如果你时常觉得郁郁寡欢或暴躁易怒，那就先试着在每天的行程表里增加一些独处的时间——强迫你自己和别人围绕这个独处时间进行规划，并将其设为优先级。尽可能严格对待独处时间，就跟安排工作会议或健身课程一样。

接下来，我们知道每个内向者都需要独处，但什么才是真正的独处充电？我们只需要坐在屋子里，关上灯，吃点儿冰激凌吗？

答案是不要做别人告诉你的事，应该做那些能够令你放松的事。在经历了漫长而喋喋不休的一天后，每个人对于回家都有不同的期许。有的人甚至可能不想回家——他们或许想去爵士酒吧喝点东西。

你希望五官全部受到刺激吗？这些对于你的独处和再充电有帮助吗？你更喜欢亲手做什么事

才能感到有所收获呢？你精神上的疲乏感有没有加重你身体上的疲惫感，或者，健身课程有没有让你精力充沛呢？体育活动可以让你平静下来、帮你减压吗？社交媒体是否有助于你独处和放松呢？通过电脑或手机跟别人聊天会消耗你的精力，还是会给你带来安慰呢？你该扔掉手机，插上电源充电吗？

每个人都不一样，但也都有一个共同点，那就是独处值得欢迎。这不是休息，休息能以很多种消极的方式进行。偶尔休息一下，没有多少收获都没关系，不要觉得内疚。这是一种恢复，很多职业运动员都会在训练和比赛的间隙这么做。你有权这么做，不应该觉得羞愧，你总会需要独处。

离开社交舒适区

应对令人疲惫的社交活动最有效的方式也许很简单，只需要拿到一块更大的社交电池即可。你可能想象不到离开社交舒适区能帮助你扩充社交电池容量，提高 10% 左右的社交电池电量。

为了扩充社交电池容量，你必须锻炼它，这就需要你有意离开自己的舒适区，挑战自己的极限。没错，这很烦人，也很令人沮丧，但社交电池除了像电池一样运作外，它也像肌肉一样运作。你越锻炼，肌肉就会变得越强壮越有弹力，如果你无视它，它就会相应地萎缩。

离开自己的社交舒适区，首先，不要跟猫一样，在一有可能遇到社交互动时，就躲进洗手间里。要开始多说"是"，甚至要在社交活动上采取"永不说不"的政策。

·在杂货店队伍里跟人交际。

·每天离开家（不包括工作）至少 1 小时。

·第一个赶到聚会现场。

·最后一个离开聚会。

·向咖啡师或收银员提至少 4 个问题。

·至少每周为你的朋友们规划一次活动。

这就好像是你在过别人的生活，对不对？有弹性的社交是充分享受生活的必要条件。所以，现在也许是时候做出一点点的改变了。

PART FOUR

第四章

内向者如何分配精力值

假设每天有 100 个单位的精力，你将如何分配它们让其效益最大化？

内向者最可怕的噩梦就是进行强制性社交。

强制性社交可能有很多种形式，最常见的可能就是可怕的行业交际活动。你可能需要去拜访主管，面对来自同事的压力，觉得自己需要去露个面，因为"这有助于你的职业发展"。

不管理由是什么，你要在下班后很累的时候去进行这种社交，而周围是貌似跟你一样冷漠对待这种情形的人，尽管你流露出的所有迹象都表明你想一个人待着，但苦于面子，双方都想尽快结束。

大多数人都很喜欢各种节日，但这些节日会

产生其他形式的强制性社交。一般在这些节日，你甚至需要参加强制性的大型社交活动，需要跟很多素未谋面的人会面。你可能不喜欢这些场合，但这都是你需要切实进行社交的时候。

这些节日都是举行聚会的理由，但内向者其实不希望跟一群陌生人参加喧嚣的聚会，而且不知道聚会何时结束。那么，内向者可以用哪种方式进行真正的社交呢？

我们应该如何规划自己的生活，并一以贯之地融入其中，怡然自得而不会惴惴不安或焦虑不已呢？如果你总是考虑如何自然地从朋友面前逃脱，那你的社交表现很可能会受到影响。

在选择该参加哪些社交活动时，我们来看一下你该考虑些什么。

将约会分类

在设计自己要参加的生活中的社交场合时，你首先必须知道有哪些类型的社交活动，以及它们将如何影响到你的社交电池的使用。其中有些社交活动乍听起来有点令人不快，像是你的噩梦；而其他社交活动你可能觉得："对，我可以多参加这种。"很显然，目标就是要让你的生活更多地向后者转变。

按照个人喜欢参加某一形式聚会的程度，我们可以将社交活动分为四大类。

第一，很多陌生人。

我们通常很讨厌有很多陌生人的场合，因为有太多的不确定性，要介绍自己要聊很多与自己经历有关的事。你很难关注其中某个人，因为周围的情形太过复杂。当然，坦白说，这些是交际活动、大型聚会和音乐节（如果你并不怎么喜欢音乐表演的话）。这些是你每次都想竭力避免的噩梦，却总是避无可避。这些场合令你精疲力尽，还有可能导致你在接下来的好多天里都不想再跟人交往了。在多数的这种场合里，你甚至都没办法撑到最后，需要在中途离开。

忍受度：2～4小时。

第二，很多熟人。

有很多熟人的场合跟第一类不一样，因为即便人有很多，但你认识或起码知道大部分人，不过这种场合还是很耗费精力的，但相比于要跟所有陌生人破除障碍、建立关系，还是轻松得多了。有些人可能很讨厌、很让人疲惫，但其他人可能会让你感到舒适和安心，不管你跟他们是不是朋友。不过这其中还是有太多的刺激，你还是会在最后感到精疲力尽。甚至你的生日派对或周末滑雪之旅都有可能这样，即便你精心挑选了同行的每个朋友。

忍受度：3 ~ 5 小时。

第三，日常生活。

日常生活的类别比较多变，可以横跨所有四大类社交活动。但多数情况下，你在工作、上学、买东西、断断续续地聊天，以及跟朋友的见面中所进行的社交时间长度就是你的日常生活。如果每天不跟咖啡师或收银员闲聊几次，你甚至可能会比往常更累。但你还是要上课、参加工作会议并跟教授聊天。有时候，你能够维持一切如常，没有不必要的社交电量流失。但这些貌似很小的事情也还是会一点一点耗尽你的社交电池。你的心理状态和疲劳感或精力状态也决定着你的日常生活将如何影响你。无论如何，你的社交电池都会一点一点地流失掉电量。

忍受度：7～12小时。

第四，免疫人群。

每个人都有不会让他们消耗社交电池电量的安全人群，跟这些人在一起，他们会感受到绝对的安全。对一些人来说，这就是他们的重要人物，就是他们的免疫人群。对其他人来说，这可能只是屈指可数的家人或朋友，有些人的免疫人群可能只有一个！让这些人免疫的是一个特定的舒适临界值，因为他们觉得他们的免疫人群真的可以接受他们的内向型倾向，似乎能理解他们以及他们的本性，不要求他们呈现出别的样子。在免疫人群面前，他们只需要保持自我。不管是因为免疫人群还是他们自身，都不会耗费他们的社交电量。

忍受度：几乎无穷大。

所以，是时候问问自己，你周围的人是哪些类别了，你一直参加的是哪些类型的社交活动。花一点时间仔细剖析自己的生活，并清晰地进行判断，将这些人分门别类。当你知道你所应对的是什么人和什么社交活动时，你就能更好地规划自己的生活，保存精力，不会再成为别人眼中沉闷无聊的内向者了。

增加可预见性

你可能没有意识到，内向者讨厌任意社交或强制性社交的原因，其中之一就是其不可预见性。

不知道何时结束或对社交活动一无所知会让你害怕不已，因为你不知道自己的社交电池能持续多久，你又将何时能够再充电。

比如，像赶场一般——跟一群人一场一场活动地玩。外向者喜欢这样做，因为参加的活动越多，就能结识越多不同的人，这样的活动会让他们精力充沛。

内向者这样进行社交的话，问题在于，在不熟悉的地方，混迹在各类人群和环境中，所需要的社交努力和精力是未知的。这就好像你需要最大限度地保持警惕，好消化和理解周围所发生的一切。

当你参加这些社交活动时，你不知道谁会在场，你不知道这些场合有没有日程表，即便有，你也不知道这里会不会按日程表进行，会不会出现你完全预料不到的事情。

因此，关键就是要围绕"可预见性"来规划你的生活。考虑一下4W，即有谁（WHO）、有什么（WHAT）、何时（WHEN）、何地（WHERE）。一定要在出发赶赴任何社交场合之前搞清楚这些事，然后你就可以在规划自己的日程时了解这些事宜了。就算有些许变动也没关系，因为起码你能够理解这种变动！记住，你并不是在主动控制这些场合，只是在筛选和理解你要面临的事。

何地

关注可以让自己舒服自在的地点和环境，关

注很少会有意外的场合。这可以是你已经知道的场所和餐厅，它是很安静的还是喧嚣有活力的，或者这个场所是否适合跳萨尔萨舞呢？

有谁

知道你将跟谁共度时光，试着限制密友的数量，这样你才不会因为要跟很多陌生人聊天，而不知所措了。将自己的社交对象每次限制在一到两个陌生人的范围内，否则，多了你就会很累。有没有喋喋不休的人，如果有，有多少？在场的人有了解你的本性并喜欢你的本性的人吗？如果有人主动问你"嘿，我再邀请八个人怎么样？"那就不要跟他一起参加派对了。

何时

这不是说要守时，而是要明确知道开始和结束的时间。因为这能够设定你社交电池支出的上限。最重要的是，能确切地知道你这段时间要参加什么活动，并为自己确定离开的时间。你也许不能指望到点就离开，但如果活动准时结束，那你就没有顾虑了。明确知道结束时间，不要妥协，这都是为了你自己好。

有什么

这一条可以跟之前所谈的"将约会分类"巧妙地结合在一起。这场活动的目的是什么，在这种社交活动中的正常行为是什么，你应该如何表现？跟回报比起来，精力支出值得吗？

如前所述，我们并不介意在杂货店排队或在电梯里聊天，因为我们知道这些场合会在何时结束，我们能在何时逃离。在面对社交场合时，也要记住这一点。你不可能知晓每个场景，但如果你能提前为自己准备好别的选择，你的压力将会有所减少，因为你不会觉得受困，也不会觉得自己别无选择，而承受极度的不适。

通过追求可预见性，你能够在赶赴某个社交场合之前，确切地知道会发生什么，是怎样的一个场合或聚会。你可以问些问题了解到这些，从而帮你预测这个场合对你的精力耗费的程度。

其次，在答应参加任何社交活动之前，玩一个"二十问"的游戏，你就能更开心地跟朋友欢度时光了。

比如，如果朋友要邀请我参加"小型聚会"，我可能会到场，但当看到他所谓的"小型"聚会上有 40 个我全都不认识的人时，我会因没有事先问他更多信息，以确定这场聚会的社交成本是否与这场聚会的社交效益相匹配，而生自己的气。

在赶赴社交场合之前是否对参加聚会的人员进行尽职调查，这完全取决于你。要尽可能多地了解信息，这样你才能真正确定自己要不要去，能不能起得来床，能不能度过一段快乐时光。

待问的问题：

·何时开始，何时结束？

·谁要参加？

·有多少人要参加？

·我认识谁？

·什么场合？

·在哪儿进行？

·我怎么去那儿？

·会播放很吵的音乐吗？

知道这些问题的答案，可以帮你调整这一晚的节奏。

围绕兴趣进行谈话

你最喜欢的活动是什么样的？是单人的活动还是多人的？

坐在咖啡馆、在公园溜达或进行长时间散步可能会让你非常舒服自在，你可能喜欢跟几个密友进行自行车骑行、徒步或露营，或者，就坐在家里的长沙发上看电影，你也觉得很开心，再或者，闲暇时间里，你多半在健身房里度过或进行马拉松的训练。

如果这些是你的兴趣，那就围绕兴趣进行规划。跟兴趣相近的人来往，邀请他们走进你的世界，走进你的舒适区。不要试图跟别人的计划保持一致，也不要努力适应他们，你要让他们适应你。围绕兴趣进行规划，能够让你待在舒适区的同时，又能跟别人一起分享。

　　这不是卑鄙或苛求的举动，这只是说，内向者应该是自己的社交活动的规划者和创始人，这样他们才能控制会发生什么，自己会有多舒适。如果要当一个更具有前瞻性的规划者，在朋友面前也要贯彻这个角色。

　　如果觉得很舒适，你就会更开放更放松，这样的情形不会耗费你的社交电池。始终围绕兴趣进行社交不会引起社交电池电量的损耗，因为你不用应付新情况，你也能够关注面前的人。在你身处不舒服的情境时，你要始终记住那些舒适的感觉。

让你的精力效益最大化

可以跟多数人一样，围绕自己什么时候有空去制订行程表或日程表，比如，如果你星期六下午和晚上都有空，那你就可以给自己安排两个活动，不用考虑任何别的因素。

然而，对于内向者来说，这并不是明智之举。内向者应该围绕"精力支出"规划行程表。假设一个内向者每天有100个单位的精力，他将如何分配精力才能让其效益最大化呢？假设你星期六下午计划耗费60个单位的精力值，而晚上计划消耗70个单位的精力值，显然，你不可能兼顾两者——要不然那就是极其不明智的举动。

那你该怎么做？去掉一个，只参加另一个，或者参加一个活动，另一个活动只参加一会儿，或者两个活动都不参加，选另外一个耗费更少精力值的活动。

围绕预期精力支出而不是空闲时间进行规划，这将有助于你更好地安排精力、更好地管理自己，免于让自己置身于过度劳累的情形中。要知道自己的极限，如前所述，要有意识地理解你一直以来在对自己做的事。

如果你抱怨自己总是忙于社交，那你可能根本就意识不到你是这样对待自己的。因为你有空闲时间未必就意味着你可以去参加社交活动！

试着大致估测一下每场活动将耗费你多少精力值，然后诚实地评估一下。如果你每天只有100个精力值，那你就要看一下如何更加有效地利用它们，然后安排好自己的每一天。你可以将自己的精力视作俄罗斯方块游戏，这需要有创意的安排。你可能也为自己设置了每周或每周末的社交活动限值。知道自己的极限，并尊重这个极限。

如果你常常觉得自己超额预定了很多社交活动，那缓解这种情形的方式就是将所有的社交活动分批处理。如果你需要见三个人，那你可以将这三个人安排在某一天的三个时段见面，而不需要花三天的时间来见这三个人。

你可能在这些活动之间没有空闲时间，但你将在活动之前和之后有大量的充电和再充电时间。在某种意义上来说，你正在将自己的动力资本化，并一次性处理所有事情，自己的休息时间也就更宽裕，也没有那么密集的社交疲惫感了。经常参加活动会比提心吊胆一整天更加令人疲惫。

分批处理之后，你就能创造出更多的缓冲时间来放松并为下次活动做好准备。这就是我们将在这一章的最后要谈的一点。

社交前后的独处环节

挡书板是放在书架上让书保持竖立状态的单独木片或金属片，一般是两个一套：书籍的两头各有一个挡书板，这本书就像三明治中间夹的肉。

如果你知道你要面对大量的社交活动，那你就应该明智地规划自己的每一天。在参加社交活动之前和之后要安排好独处时间，以应对随时可能发生的社交宿醉。

如果你知道要在某个特定时间进行社交，那你要确保在社交前后有再充电的时间。这样，你既能在充满电的状态下参加社交活动，又能在社交活动结束后立即再充电，你在特定时间的社交将更加富有成效。对某些人来说，这可能并不局限于社交活动前后的几个小时，甚至可能涉及社交活动前后的一两天。在时间很紧张的情况下，如果你能够在活动前后 10 分钟内进行完全的独处，这就有可能大有裨益。

比如，如果你星期六有个重要的社交活动，你可能要在星期四、星期五、星期六和星期一安排独处时间。将这些独处时间安排在行程表中，或用粗线条红色钢笔标出，并绝不偏离行程表。在数天高强度的社交活动之后，也不要安排繁重的工作或别的任何会影响你心理状态的事宜。

记住，独处并不仅仅是数量问题，质量也很重要。独处越深入、越不受打扰，质量就越高，你的社交电池所受到的影响就越大。

内向型的生活规划，其实就是围绕社交容忍度较低的人，如何在太多和太少社交活动这条细微的界线之间游走。达到均衡可能有点困难，但对于内向者来说，这是最重要的一点。

PART FIVE

第五章

更舒适的日常情形

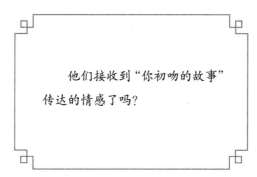

他们接收到"你初吻的故事"
传达的情感了吗?

尽管第一反应可能是绝不走出家门半步，但我们必须承认，等最终被拖到外面时，我们多半还是过得很开心的。我们讨厌的只是结束待在家那种状态的瞬间，但我们其实很喜欢见到人群，并进行有趣的活动。

我们最好还是出去，因为你不能穿着自己的塑料泡泡到这世界的任何角落，不是所有人都能接受。

就我个人而言，我有幸能以很多方式规划自己的生活，因为我通常都在写作或做研究，也就是说我大部分时间都独自一人坐在那儿，不过不是所有人在生活中都具备这样的能力和自由。

你或许不能将自己的日常生活规划到完全符合你内向型的偏好中，但你还是可以借助一些方式和洞察力，将自己的日常生活安排得不那么耗费精力，甚至可以令人愉快。我再重复一次，这一章是关于应对自己的社交电池可能遇到的各种挑战的策略以及如何做好周全的准备。

管理你的社交状态

我尤其记得以前当律师时参加过的一次交际活动。

活动一连进行了 3 个小时，我已经收到了其他律师的大约 10 张名片。不出意外的话，我回到家就会把这些名片丢进垃圾箱里。关于"那你从事的是哪个领域的法律工作？"这个问题，我问过无数次，也答过无数次。我真的是被这些社交问题问到厌烦透顶了，脸上大概也露出了这样的表情。

会场的一个服务生路过我身边，仔细看了我一下，然后问我："嘿，你还好吗？要不要喝点儿水？"尽管我并没有感觉到肉体上的疲惫，但我内心的疲惫感却明明白白地写在了我的脸上，还引发了别人的格外照顾。

如果你是个内向者，你可能会在生活中的某些时刻听到别人这么问你："你没事吧。你很累吗？"虽然可能问法会有不同，但答案大概都是：我没事，我不那么积极参与聊天的时候就是这种表情。

在不跟人交谈时，我们倾向于立即跟别人隔绝开来，而不是迫切地寻找下一个互动对象。这种隔绝会表现在我们的面部表情、肢体语言和我们展现自己的方式上，毕竟如果不能立刻回家，这是我们能做的最好的事了。

问题是，当这样呈现自己的心情时，我们就像是犹豫不定的人，我们的生理状态完全被心理状态影响了，这不是我们最好的状态。如果你有意向大家传递这种信息，好把他们吓跑，不再跟你交谈，那就没什么问题。但我们多数人完全意识不到，当自己沉浸在内向型的思维方式中时是什么模样。同样地，不管我们的社交电池状态如何，多数人都想传递出更多的开放性和积极能量。

因此，这对于内向者来说很重要，不管你有没有动力或因为社交而精疲力尽，你都要通过"镜子测试"，也就是"我内心绝望，但起码没有表现在脸上"的测试。

这是什么意思？

这指的是，你只有监督、管理并改善自己所

有的非语言沟通，才能在镜子中呈现出精力充沛和活跃的状态，即便你内心并非如此。姑且先这么看一下：疲惫的人坐在桌旁，手托着无精打采耷拉着的头。如果这么做，你传递出的非语言信息就是厌倦和对人群缺乏兴趣。

换句话说，你在感到社交疲惫时，至少需要在别人看来很开放、有风度，不然别人就会觉得你难以接近、十分傲慢。想想看，将你归类为"只考虑自己"的人与疲惫的内向者，两者呈现出的行为是不是一模一样？

尽管我们都知道一个人的内在才最重要，但一个人的外在和我们对此的感知也是很重要的，这就是我们所存在的世界。研究发现，在各种情境下，非语言沟通占所有沟通的55%～93%。不管情境如何，很明显，非语言沟通比通过说话进行沟通更加重要。

这种沟通不仅包括面部表情，还包括肢体语言，如手放在哪儿和眉毛怎么动。你将所有这些不同的信号组合在一起所传递出的信息，可能跟你真正想传达的信息南辕北辙。

"镜子测试"

坐在一面镜子前，跟自己出声讲述你初吻的故事。这个故事大概率会引发强烈的情感，不管是正向的还是负面的。要切实努力讲述这个故事，仔细回想当时具体是怎么发生的，发生前后你感觉如何。如果这个故事无法引发你任何的情感，那就随便替换成任何能够让你对别人敞开心扉的故事。

现在，集中精力观察镜子里的你——面部的表情和肢体的语言。

你是充满活力，还是眼神空洞、声音单调、

姿势懒散？不管你的故事引发了什么情感，你真的能够照实传出来吗？如果聚会现场有人听不见你在说什么，他们能感受得到你的初吻的故事所想传达出的情感吗？

你需要付出多少努力才能让别人100%清晰地感受到你的情感，这就是"镜子测试"所需要做到的方式。不管你内心感觉如何，你都需要管理好自己在别人眼中的样子，不然别人大部分时候接收不到你传出的情感。别人并不关心你是个内向者，他们看到的只是你的表面，这对很多人来说都算重大发现吧。

很多内向者太过关注于自己所说的话的内容，而忽略了他们说话时的情境，他们觉得，只要他们用最后一点力气说出了正确的话，也就大功告成了，而且理应受到大家的欢迎。但事实并非如此，说话的内容和情境息息相关，你传递给大家的信号模糊不清又令人困惑，你在这么做时，就有可能收到一种与你的期望截然相反的反应。

"镜子测试"能够保证的是，即使你的社交电池电量耗尽了，鉴于你非语言信息所传递出的信号，你还是可以让人觉得是可接近的，你还是个健谈的人。跟"镜子测试"紧密相关的是"麦克风测试"，我相信你已经猜到我要说什么了。

"麦克风测试"

麦克风测试的要求是：你讲述同一个故事，但不要关注你在镜子中的样子，反而要关注你的声音听起来如何。如前所述，你的语气和音调是别人对你进行判断的重要因素，不管你是累了还是很有活力，你的声音跟你想象的一样吗？你有没有以一种积极的方式说话，内心产生的情感清晰地传达出来了吗？

这两项测试将有助于你更好地应对日常生活
中的坎坷。

列好两个清单

按照优先顺序排列可以达到这种效果——不
管你做什么或不做什么，你都会感觉良好。

不太懂按照优先顺序排列的人，尤其是内向
者——往往会被卷入他们讨厌做或不重要的事情
中，这往往还伴随着较低的自尊感和自我价值
感。虽然这些话题已经在其他书籍里论述过了，
但这一部分的建议仍然是有用的。

要做到按照优先顺序排列以及更好地应对日
常生活，你需要列两个清单：一个"我不应该做"
清单以及一个"我可以做"清单。

　　比如，"我不应该"去参加只有一个认识的人的聚会，或者"我可以"忽略熟人非正式的邀请。你这份"我不应该做"清单应该包括你主动想放弃，但又感觉由于某些不受你控制的责任或义务而一定会做的事。在理想世界中，由于这些事不会为你带来幸福感或让你开心，你就可以避免这些事。比如，你不应该再因为没做什么事而感觉羞愧或寻求别人的认可，你不应该再做这些事。

　　另外，你这份"我可以做"的清单应该包含你想多做的事，不管别人会跟你说什么或他们可能会怎样看你。在理想世界中，你会做这些事，但你也会因为感到某种责任或义务而觉得不该这么做，这些事能为你带来幸福感和愉悦感。

　　你能一眼看出"我不应该做"和"我可以做"这两个短语有多强大吗？"我不应该做"与"我可以做"属于两个层次。第一个层次比较明显，这两个短语能让你仔细分析并审查自己所做的事件，进而让你下意识地问以下这些问题：

- 我真正想做的是什么？
- 真正重要的是什么？
- 我为什么在做这件事？
- 我可以避免什么事？
- 谁会从中感受到幸福——是我吗？
- 这真的是该优先做的事吗？
- 我真正的动机是什么或这是什么？

你可能从中意识到，你其实讨厌做某事却还是照做不误，只是因为这些事能让父母开心。同样地，你可能还发现，你喜欢做什么事却克制了自己不去做，只是因为你觉得朋友会嘲笑你。这就回避了整个问题——你究竟是为谁而活？

第二个层次更针对内向者，理解自己的优先事项能够极大地节省社交电池电量。超额参加或一味地逃避你不需要或不想要参加的社交活动会令你精疲力竭。这能够让你精确找到这些事项并加以规避。你不可能也不应该做到这个社会所告诉你应该做的一切。你应该告诉自己尊重自己的内向型性格，星期六待在家里也没关系，因为这样你会感到更加舒适。告诉自己你不应该因为受到了邀请就必须去参加派对，你要把时间更多地用于你喜欢的事情上。

在按照优先顺序排列时，这两个清单也能帮你确定自己以及自身需要的优先顺序。只有超人才能充分满足自己、重要的人（露意丝·连恩①）、父母和每个朋友的需要。对于我们这些普

---

① 露意丝·连恩（Lois Lane）是 DC 漫画公司旗下的漫画人物，她是超人的妻子。

通人而言，我们需要有所选择，应该养成自己选择的习惯。

当你能够将自己的心理状态调到最优先级时，你的清单可能就开始发生变化了，这些不是建议，而是你以及他人需要遵守的戒律。不要说"我不该做"，要说"我当然不该做"，不要说"可以做"，要说"我不会让任何人妨碍我这么做"。

制定界限和准则

制定"界线"和"准则"可以帮我们更好地管理自己的日常生活。你可以想出一些界线当作你在沙滩上为别人画的线，再想出一些准则当作你为自己画的线。两者都可以让你在置身于喧嚣环境时获得控制权，因为只有你自己才负责制定自己需要遵守的规则。

界线是你让自己无法参加别人的活动的方式。比如，温和地让你的同事得知，你就是无法在早上 10 点以前和下午 3 点以后进行各种即兴聊天。当然，你也可以自行规定其他时间。或者，对你重要的人说在你回到家后让你一个人待一小时（除去问候），这样你就能每天都保持放松了。或者，告诉朋友，你工作日每晚 8 点以后不会回复任何信息。现在你大概明白了吧。

界线是你收回自己的时间，并最终保持较高水平精力值的多个小步骤。关于界线我有个小提示：当你让别人了解到这些界线时，跟他们说"不会"而不是"不能"会有效得多，因为这样他们就没有问你原因的冲动了。

准则是为自己而定的，是你社交生活的规则。比如，如果你连续两晚外出社交，那么就不要在第三个晚上也出去了。或者，你每周的外出次数绝对不超过4次。或者，你绝对不会在午夜之后还待在外面。或者，你绝对不参加超过5个人的聚会。这些就是你如何坚守自己的原则而不会被卷入你很讨厌的社交场合的方式。

内向者需要制定这么多的准则和规则，才能更好地管理自己的生活，这可能有点奇怪，但这就是内向者的运作方式。

提前准备好

提升日常社交质量的最后一方面，是事先尽可能多地做好准备。这听着很简单，但你可以准备的活动其实会多到让你惊讶。

这之所以对内向者很重要，是因为社交真的

很耗费精力，虽然这属于老生常谈，但不得不当场想出新颖的点子可能会更耗费精力。比如，如果大家问及你的童年，你需要回想起当年的事情，并确定要过滤掉什么、讨论什么、省略什么，以及重点讲什么，这可能十分棘手。但如果你已经准备好了这类问题的答案，那可能只需要匆匆复述一下，就跟你排练的时候一样。

更令人疲惫的是什么？背诵演讲还是想出新东西？

在大家热烈交谈的时候融入进去，这可能更令人疲劳了，所以事先准备好会更轻松一点。你可以准备：

·你知道自己会遇到的一般闲聊问题的答案和故事。

·关于你的背景、家庭和教育的答案和故事。

·关于你的工作、爱好和兴趣的答案和故事。

·关于最近发生的一些事情的答案和故事。

　　我们已经谈论过如何将自己的生活规划得更适合内向者的方法，也为此制定了几条准则和规则，以应对日常生活。接下来，我们将讨论更加具体的策略，以最大化地发挥社交场合的作用。

PART SIX

第六章

增加你的主动性

如果你喜欢吃蛋糕，为什么不吃个不停呢？

你可能已经发现，内向者会精挑细选跟自己共度时光的人。但内向者由于自己的思维方式和偏好，往往会产生特别的动力学，因此增加了挑选的复杂性。

即便你的密友什么都没做错，你也会想离开他们。这是很多人无法理解的心情。毕竟，如果你喜欢吃蛋糕，那为什么不吃个不停呢？

这一点可以带我们初步认识人际动力学。

优雅地离开人群

这一点显而易见，但仍需要提一下，因为并

不是所有朋友都跟你想法一致或能够理解你，尤其是当你需要独处时，你会偶尔厌倦人群，没关系，这只是你的本性而已。

当你想逃离人群或与人群隔离时，你必须努力协调一下，以免冒犯到他们，让他们理解你——这跟他们无关，而只是关乎你自己的状态。你必须让大家知道你一直都很在意他们，也不是一时情绪化或生他们的气。

因此，如果要和朋友保持长久的友谊，首先要确保朋友理解你离开人群的需要，他们会觉得你可能需要拒绝更多的邀请，所以你一定要优雅地这么做，而不要用一味地排斥他们的方式获得独处时间。这是独处和再充电的好方式，但有时也没有那么好。

这个没有那么好的方式听起来有点像在说："嘿，我要走了。真是受够了跟你们厮混。再见。"

这听起来很无礼，但当你真的产生社交疲惫感时，我敢保证你的撤退策略也不会好到哪儿去。这不仅会毁掉友谊中类似一贯性的东西，还很容易伤害友谊，制造紧张情绪。他们本以为你喜欢他们，而事实上，你传递给他们的信息会让他们怎么想呢？非常令人困惑和沮丧。

好一点儿的方式听起来像这样："嘿，很抱歉，我知道，按照计划，聚会还要进行一段时间，但我真的太累了。我们尽快找个时间再聚怎么样？我真的很开心跟你们一起聚！抱歉！"

这些回应可以用来拒绝邀请和离开社交场合，无论何时你发觉自己的内向型倾向发作，你都可以这么说。这两个版本有很大的不同，如果你在离开之前告诉朋友你喜欢他们，而不是就那样默默消失，那你的人际关系的发展将顺利得多。

要保持你所传递出的对朋友的感觉的一贯性，

不要以为别人跟你是一个想法，甚至理解你。内向者倾向于将自己的思维过程藏在心底，而不是表达出来。他们在想什么，你可能永远都无从得知，但他们不是故意的。如果他们觉得累了，这些事就不言而喻了。

类似地，如果你希望跟别人做朋友，那就要切实表现出你对他们很感兴趣，不要将这种感觉藏在心底，因为你内心的感想可能无法表现在你的外表或行动上。你呆呆地站着感觉自己很正常时，大概听到别人跟你说过"高兴一点儿"或"开心一点儿"，就证明了这一点。

内向者往往会给人难以接近或爱答不理的感觉，因为他们并非特别温暖和热情的人。虽然你未必就是后者，也请不要让朋友猜测你对他们的感觉。

工作场合的三种动力

对内向者来说，办公室可能是逃避各种人和会议的雷区。

这是被迫进行互动和社交的缩影，尤其是在他们害怕的开放式办公场所内——基本是一间满是桌子的大办公室。一个房间里有 50 人，没有任何屏障？这听起来简直像是内向者的噩梦。

这间办公室可能很微妙，因为你可能因为别人而一直分心，偏离自己的主题。吃午饭这样简单的事也让你不堪其扰，因为你可能想一个人吃饭，一个人放松，但根本不可能逃离人群。

你可能想有意识地或下意识地在办公室里扩大自己的社交电池容量，无论何时，工作上都会出现一些动力帮你实现这个目标。

第一种动力：少说，通过代言人说

设想你跟蒂姆和康妮站在一起。

你说："蒂姆，你怎么样？"

蒂姆故意看向康妮。

康妮说："他刚刚去了关岛！是不是特别酷？"

蒂姆活力满满地点点头。

康妮在这个简单的例子中充当着代言人，这也可以适用于办公室的其他场合。蒂姆在场，但他不需要浪费任何社交精力，因为康妮代他说了。康妮帮蒂姆避免了一点社交疲劳，如果蒂姆看她一眼，暗示她帮忙回答问题，做他的代言人，康妮还会继续这么做。

这其中的窍门就是让大家做你的代言人，为你说话。你可以在重大事件之前，颇为正式而明确地让别人简要说明一下。就社交场合而言，这很简单，也就是说你只需要跟某个人分享一下你的周末，就可以驱使他们告诉其他人。

　　告诉一个人，然后让他变成你的扩音器。这在工作场所就比较难了，但你还是可以通过信任他们或表现出你的信任，把他们变成你的代言人。比如："康妮知道的比我更清楚。"

　　有了这些内向者的策略，你就能将自己真正需要进行的互动量最小化，尤其是在你的社交电池耗尽时，这能让你避免别人的误解，同时不表现出疲惫感。

第二种动力：要写不要说，尽可能人性化

　　我们有时候只想钻进办公室，钉在电脑前，不跟任何人说话。好吧，你可以通过书面文字更好地跟别人交流，这也不是不可能。

　　交流和互动可能很令人疲惫，但写东西沟通所耗费的精力会少于跟别人面对面沟通所耗费的精力。写东西也能够让你更周到和深入，还可以精心

和确切地措辞，这样，你就可以有一份书面记录，供你追溯过往、有所参照，这对于明确工作和条理清晰大有裨益，这也可以对你起到保护作用。

换句话说，只要有可能，你就可以试着通过电邮、短信、信函来制定沟通规则，然后让所有人都清楚你的规则。

要做到这一点很简单，你可以这么说：

· "可以就此发封邮件给我吗？这样我就记住了。"

· "现在我必须得走了，但如果你发邮件给我，我保证马上就看。"

· "我会回你电邮，给你更好的答复。"

你也可以设置界线和限制条件，确定别人何时可以，何时不可以跟你说话。如果有的话，你可以明确告诉大家"耳机规则"——在你的办公桌上贴张小纸条，写上："如果我戴着耳机，那请先给我发电邮！"顺便提一下，耳机会是你的最佳盾牌，因为耳机通常表明你非常专注，不希望受到打扰分心。要确保戴着耳机时，你的耳机放在你办公桌或头上的显眼位置。

只要有可能，你都要试着只用信息、电邮和信函来进行交流。

相似地，你可以规定签到时间。或许你觉得为那些可能令你疲惫的人，设置特定的沟通时间，是一件很困难的事，但你这么做其实是在分批进行社交，剩下的时间就可以自由支配了。

你可能不是老板，但你还是可以主动地采取措施，避免受到打扰，好吧，要在固定时间打断他们。从本质上来说，这就意味着在特定的时间在办公室里四处走动，每天两次，根据需要给出并获取和更新信息——这两次分别为早上刚上班和下午早些时候。你也可以明确地告诉大家，你是如何安排日程表的，这样他们就知道你在干什么了。

这样做都是为了让大家在白天多半的时间里都不要来打扰你，因为他们的顾虑和问题会在早上或下午早些时候得到解决或解答。你每天只有两次耗尽自己的社交电池电量，并在间隔期再充电，这样做比大家一整天慢慢地一点一点耗尽你的精力、你永远都没办法独处的方式好多了。

第三种动力：尽早赶到办公室

为什么？因为很多人不会这么做，也就是说你早上可以避免跟别人交流，那是极其宝贵的独处时间，既可以避免社交所带来的疲惫感，又可以专注手头的工作不分心。

如果你能够鼓足干劲早到办公室，那就可以做很多本该在社交时间段进行的工作，这时适合做你讨厌被打断的那些工作，你需要估算一下完成这些工作所需要的最佳精力值。你可以先不完成那些少量且只需要一点精力即可完成的工作任务，留待大家都来上班时完成。

内向者的约会更注重质量

诚实做自己，自然吸引。从找到你的独特特征开始。

——莎拉·琼斯（Sarah Jones），内向阿尔法网站的创始人①

————————————

① 作者注：我很高兴能够将这位令人钦佩的朋友——莎拉·琼斯，内向阿尔法网站的创始人——的建议告诉大家。内向阿尔法已出现于《福布斯》《商业内幕》《赫芬顿邮报》《旧金山纪事报》和其他媒体上。

无论你是外向者还是内向者，都要根据你自身以及你的价值观进行约会。很多人不是先问自己是否真的想成为独一无二的个体，而是去寻求众人眼中所谓的我们应该要的东西。你大概可以从自己的生活里找到很多与此相符的例子。

我们所说的价值观有两种流向——你呈现给别人的和别人呈现给你的。

我推荐在第一阶段要采取的行动是，先列出所有的价值观，然后按照最重要到最不重要的顺序缩减至5种。

一定要选择对你重要的价值观，而不是你朋友或熟人口中所说的重要的价值观。这可能有点难度，不过其宗旨是清晰地知道你对未来的人际关系和伴侣所持价值观的优先顺序。

接下来是考虑你往外投射的价值观——也就是你呈现给别人的价值观。内向者有着外向者所不具备的品质，尤其是神秘感、复杂性、思虑周全，以及聆听别人的能力。如果你不好好加以利用这些品质，那将是种遗憾。

在这些常见的内向者品质中，你最为独特、最优秀的特征是什么？不要看轻自己——你只需要看一下别人对你的赞美即可，这些都是你具有优秀品质的证据。

回想一下你在以下三个领域所收到的赞美：

（1）你的外貌和整体气质。

（2）你的人际交往能力和你给大家的感受。

（3）你的天赋或你喜欢自己的地方。

每个类别至少要想出几个赞美，然后选出5个最让你开心和骄傲的赞美。

此时此刻，你已经开始思考你想成为怎样的

人以及你是怎样的人了。接下来，你需要考虑的是，你绝对不想成为怎样的人以及哪些特质会令你精疲力尽而非振作精神。要诚实面对自己，然后一以贯之。

这一点对于内向者尤为重要，他们总是感到自己所接受的东西很少是自己想要的，这只是因为他们需要花费很多可感知的精力，再去追求别的选择。当你知道对自己重要的是什么并持之以恒追寻时，你会宽容自己的更多见解，不会参加很多要么勉强适应、要么消极适应的社交活动。

想要变得更加主动还有一种更加温和的好方式，那就是先在符合你的内向型倾向的地方跟朋友见面。社交这个最首要的目标有时候会让内向者透不过气，这也就是说，你要关注那些跟你的爱好（画画、跳舞、打排球、骑行）、教育和学习（任何课程都可以，比如烹饪或语言班），以及有共同价值观的事物（参加志愿活动、个人发展、某个特定行业或兴趣）相契合的场所。

更加悠闲的环境可以更好地激发你跟别人碰面的兴趣，这些约会不会特别耗费精力，因为你总是可以借此满足你别的需求。一般说来，喧嚣又吵闹的背景并不适合低调而冷淡的性情。

你最好去那些你真的想去做些新尝试、见些新面孔的地方赴约，这种愿意接触新事物和新面孔的心情，同样也会让你的第一次约会大获成功。

虽然网上约会可以极大地弥补面对面约会的不足，但对于保守的内向者来说，面对面更能够培养社交能力、对别人敞开心扉。

酒吧和俱乐部并不是跟别人约会的唯一场所，这一点很重要！

你不必在外面通宵，也不必去喧嚣疯狂的地方。烹饪课或舞蹈课就是很简单的选择。

[作者注：我也很喜欢网上约会。我将此视作内向者的一个极大的福音，因为这种方式能够让我们不必参加累人的社交场合就能了解彼此。一般的耗费精力的闲聊都是瞬间的，因为你已经从对方的个人档案中了解到了部分信息。

这一切都可以在家里的手提电脑上一个人完成。

作为内向者，当你来到酒吧或派对上时，你可能待不了太长时间。如果待久了，你也就不会那么愿意进行社交了。如果你研究过别的内向者，你会发现他们可能也不会在外面待太久。如你所见，酒吧或派对并不是你喜欢的场合。如果是跟与你志趣相投的人交流，你们很有可能擦出火花。

网上约会可以让你做到这些，至于那些坚持要有组织地、自然地擦出爱情火花的人，我想说这是一种新的有组织的方式。]

在内向阿尔法网站，一个基本的主题是"注重质量，不过度追求数量"。这就是说作为内向者，将自己的精力有限制地花费在一定数量的人际关系上更为有利，这样你才能够全心全意经营有质量的人际关系。

"突击销售法"（别称"数字游戏"）对于内向者来说会适得其反，因为社交精力有限，所以更应该明智地加以利用，只需要根据互动的质量来推进跟别人的关系。

任何形式的推进都需要额外花费社交精力，可以小到多问一个问题或进行更深入的交流。

跟别人推进关系能够帮你走出自己的思维方式，专注跟面前的人互动沟通。内向者思维周到，这是个优势。同时，这似乎也是个弱势，因为如果不加以抑制，思维周到有可能转变为过度的自觉意识。

太过自觉可能会妨碍你跟别人交流，主要表现为以下两种方式。

首先，内向者可能很难破除接触障碍，因为这种行为似乎太莽撞了。接触是人际关系中很自然的一部分，有些许友好的简单接触可以帮你建立轻松愉快的人际关系。

你要跟别人一起大笑的时刻是最适合接触别人的时刻，这时你可以轻轻接触别人的手臂或手，不管你正在跟谁聊天，这都表明你状态很好，这段人际关系很令人舒适。

其次，内向者往往很难读懂别人的情绪。他们往往会过度分析细小的、微妙的但可能毫无意义的微表情。正确的做法其实是需要忽视无关紧要的细节（比如挠头发、双腿交叉），只关注别人整体给你的感觉是热情还是冷淡，他们的肢体语言、呼吸、面部表情、声调是不是放松而坦率的。

这可以充当你跟别人近距离接触或给别人空间的准则。

尽管你可能觉得内向是劣势，但其实那同样也是你的优势。当你学会利用自己专心而内省的秉性，跟自己和别人都形成放松而周到的关系时，你就会发现自己的独特状态，并自然而然地吸引别人。

互补性格建立的平衡感

在你听取了莎拉的绝佳建议，并找到一个内向或外向的伴侣——跟你的性情相反——之后会怎样呢？

外向者想出去为社交电池充电，内向者恰好相反，他们宁愿不出去，在安静平和的家里再充电，然而外向者却总是想跟时常需要独处的内向者互动和消磨时间，试想一下一只金毛猎犬和变幻无常的猫之间的差别。

这些对立的特质会影响夫妻俩共同度过的绝大部分时间，还是值得深入研究的。

首先，了解彼此的底线很重要。对外向者来说，能在家独处或跟内向的伴侣一起度过——比如一起看电视、一起吃饭甚至还可能没有一点互动——这样的时间有多少呢？而对于一段关系中的内向者来说，他们最多能接受多长时间的社交呢？起码要在他们能应付的范围之内，不会让他们精疲力尽或不堪重负。如果跟一个人相处久了，你找一找，肯定能发现很多明确的模式。

如果内向者变得更加外向，或外向者变得更加内向，这段外向者与内向者的关系一定会长久，这其实是个谬论。事实上，这种单方面的妥协最后肯定会产生负面影响。

　　其中的关键是各方面的平衡，达到恰当的平衡，意味着内向者有足够的停歇时间去重新补充精力，外向者则有足够的社交时间以感到精力充沛。大家的情绪都不会受到伤害，这就是经营这种关系的关键所在。

　　其次，找到一种健康的平衡最好的方式是参加满足双方目标的活动。内向者不太可能喜欢去比肩接踵的俱乐部消遣，而外向者可能会在不太需要社交的场合中感到无聊，那么两者的中间方式是什么呢？

　　你可以通过逛商店、探索有意思的地方、一起旅行、一起玩电子游戏进行妥协，不要在家看电影，而是要去电影院，这样，你们既能够享受彼此的陪伴，又能够追求不同的兴趣。内向者搭配外向者的情侣有很多可以一起消遣、满足各自需要的方式。

通常在这些愉快的折中活动中，两人对比鲜明的个性才能够真正实现互补。我们拿旅行举个例子。

一段关系中的内向者可能喜欢规划旅行的细节：预订经济能力范围内的机票、通读评论找到完美的旅店，等等。当抵达目的地，外向者可能会主动承担内向者的社交压力——跟出租车司机进行愉快的闲聊，或抱着结交新朋友的希望接触陌生人，并跟他们分享旅途中的惊险，这只是其中的一个例子。

这样的旅行体验对双方都比较好，因为双方都做了自己喜欢而对方不太感兴趣的事。

双方从这段关系中汲取的最大的益处是双方既开放了心态，同时也离开了自己的舒适区。跟伴侣在一起并了解对方，不仅是培养个人能力、接触新观点、接触新思维方式的绝妙机会，还可以升华你的能力和观点。

不过，有时候伴侣或双方都了解各自的需要，但两者的需要出现了分歧，那要怎么办呢？

一段关系中的双方都需要理解对方的需要，当这些需要跟自己的需要出现分歧时，不要往心里去。如内向者不想跟外向型伴侣的同事（不怎么认识）共同参加办公室的节日派对，只想在家看电影，而外向型伴侣决定去外面跟朋友玩通宵。这时内向者不要觉得这是对自己的怠慢。试想一下，如果有人喜欢橙子，而你只有苹果，那很明显他们就需要另选别的时候吃苹果。

"我爱你，但我现在不想见到你，这没关系"，这是在经营一段关系过程中一种不言而喻的模式。双方都需要相信他们可以很好地管理自己的社交需要，而不会伤害到另一方的感情。

这听起来可能比较简单，但在加入其他的复杂变量时，要付诸实践可能就非常困难了。这就是为什么需要设置好界线，规定何时满足彼此的需要，何时照顾好自己的需要的原因。

PART SEVEN

第七章

来一场派对

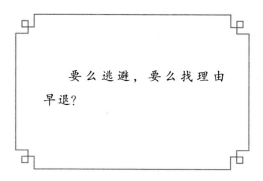

要么逃避，要么找理由早退？

我不说话，看起来兴致不高，但那并不意味着我没有在听。

我不会毫无理由地发脾气。我只是很想独处而已，不要问我是否脾气暴躁，这样问只会让我真的暴躁起来。

再说一次，没错，这只是我的表情，我没有精疲力尽，也没有生气。

你能想象吗？如果你必须跟朋友说这番话会怎样呢？当这些事都真正发生时，你就很难觉得自己爱社交了。我们来看一下事实真相如何。怎样的社交场合会给内向者带来恰好可以容忍的社交量呢？不管你打算跟内向者沟通，还是你本身就是内向者，以下这些方法都很适用。

内向者的派对如何筹备

好吧，首先别这么称呼，就是别把它说成是"派对"。

在你用这个词时，即便活动本身算不上派对，内向者还是会心生惧意，要么逃避，要么对此产生消极的期待。派对一般会有很多人参加，音乐声很大，还会进行各种空洞而肤浅的聊天，所以当内向者出现在派对上时，他们就会表现得很冷漠，并在他人心中形成了主观判断，而这并不利于交友。"派对"这个词会让你要参加的活动听起来渺小而无意义，需要用别的词汇替代这个词，比如聚会、小聚、消遣，甚至可以用会议。

采取行动之前，你要先相信，相信那会是一种放松舒适的氛围——内向者所追求的东西。

筹备派对的第二个任务——通过电邮、社交媒体或其他任何形式的媒介，将派对的日程表发给所有被邀请者。你也知道，日程表之所以很重要，是因为它可以帮你设定电池使用与耗费的期望值。日程表不必特别具体，但应该告诉客人，派对都包含什么、有多少人参加、场地信息，以及其他有助于内向者做好准备的信息，比如，酒吧里可能会放很嘈杂的音乐，但后面的阳台和户外区域会比较安静。

必须包含在日程表中的一条信息是活动结束的时间，这对于内向者来说无异于是黑暗中的曙光，如果能够在派对上待到那个时刻，那他们就成功了，因为他们可以根据这个结束时间设定自

己的节奏。只是有一点，你需要确保结束的时间
比你实际希望大家找理由早退的时间更早一点儿。

看不到终点的派对是个吓人的家伙，这就好
比是没有阅读任何重要条款就签署了的合约。如
果你正在家里举办活动，那可以随时冷酷地把人
赶走。如果内向者听到别人告诉他们："你可以
不回家，但你不能待在这儿！"他们会偷偷开心的。

说到被邀请的人，你一定要限制其数量，也
要提示他们最好别再自带客人，努力确保派对上
的新面孔相对少一点儿，多数被邀请者彼此认识，
最起码互相见过面，保持熟人的比例高一点，这
样就能减轻社交所耗费的精力了。

接下来关于派对筹备的另外一个方面是，要
确保除了聊天，客人还享有其他的招待。内向者
的派对不应该只是一群人聚在一个地方，这会让
社交互动成为唯一可选的活动，你有可能会让内

向者过早地精疲力尽，因为他们一刻都不得闲。你需要确保内向者在派对上除了聊天还有其他事可做，可以是任何事，比如设置派对主题、规划主要活动（比如保龄球或绘画、有意思的壁纸或艺术品）、邀请嘉宾发言或设置焦点人物，也可以播放电影。

很多内向者不喜欢聚在一起社交，这是因为他们相信这必定包括没完没了的高强度社交，而且无处可逃，这听起来确实很耗费精力，但也不一定就是你跟朋友交往的方式。其实，这可能也不一定是你跟密友和家人相处的方式。

你不必不停地连续几小时跟大家说笑逗乐。忽略惯例的一种方式是参加一些安静的团体活动：以无须交谈的方式度过时间。这样做，其实就是将交际放在了次于活动的地位，比如，可以进行猜谜语、跑步、踢足球、掷飞盘、一起画画、下棋、去书店、打保龄球、打高尔夫，以及其他任何至少需要两人的活动。跟别人参加这些安静的活动，你就不会觉得疲劳。这实质上是一种明智的计划，其动机是避免无休止的闲聊。你能想出其他一起安静地消遣的例子吗？

如果跟你待在一起的都是内向者，那你们都会乐于进行这种休息，你只需要记住，友谊和缘分因人而异。媒体所描述和推崇的最佳版本跟理想的外向型典范类似。此刻你对自己的了解又加深了一层，不是所谓的最佳版本又何妨？

你也可以为常常参加派对的内向者安排派对任务和职责，这能让他们一刻都不得闲，给他们稍稍逃离人群的借口，这可以减轻他们社交和闲聊的压力，他们也不会觉得这个工作很枯燥——反而，他们会觉得这是个好差事。

内向型派对筹备的最后一方面，是标明再充

电点、安静区、隐匿处、逃跑或独处间等，积极满足他们的需求。

你可能已经亲自找到这些地点了——卫生间是很适合的场所，还有酒吧外面的空楼梯和幽暗的小巷也是如此。不过这些地点往往没人去，因为很诡异、脏乱还令人不适。别人也有可能无意走过来，破坏你有趣的独处时间。因此，指定某些安静坐着、玩手机或发呆的区域，能帮你摆脱这种困惑，让你不受打扰。你只需要随便在那儿挂张手绘标志牌，然后清晰地将其列入极其重要的日程表中，告诉大家派对存在这些再充电地点，这样，内向者们就不必蜷缩在洗手间中寻找平静了。

小聚的关键点

小聚是一种常见的聚会形式，相较于大型派对小聚更加小众、低调。

有些内向者确实可能只喜欢去小聚，这完全没问题，那么为内向者安排小聚有哪些关键的准则吗？

第一，发起小聚之前就进行筹备。

如果内向者不知道小聚时间有多久，他们往往会在中途就消失。如果你是个外向的人，就会发现这种行为非常让人不解，他们仿佛就那样凭空消失了，而其他的内向者会理解他们为什么突然离席。不过，你永远都不知道他们那天是什么样的状态。可能他们会隔几天再跟你联系——不是针对你，他们只是会在精力充沛到足以再度参加社交活动之前拒绝跟任何人联络。

所以，你在发起小聚活动时，要给内向者空间和时间回复你，不要觉得受到了怠慢，也不要让他们心生愧疚或担上责任。他们会按照自己的节奏再跟你联系，同时，你只需要耐心一点儿，开始寻找能够满足下面要求的场所。

第二，精心选择环境。

我们都知道，喧嚣的俱乐部之类的场所不是内向者喜欢的场所，但你在寻找安静一点的环境时还需要注意一些细节。

首先，确保场所不要太小，那会让人有压迫感。实际空间的窄小很大可能会放大紧张感和疲惫感，因为你的眼神无处躲藏，只能看着对面的人。

其次，确保你们去的时候人不多，同时，也没有大声的背景音乐。要尽量避免那些不得不跟陌生人拼桌椅的场所，可以去那种有探索空间、景观很好或是有较为安静的现场乐队演奏等能分散聊天者注意力的场所。最后，还要确保附近真的有卫生间——那是最方便的再充电站点。

第三，精心挑选参与者。

如果你想跟内向者出去聚，那就只跟他们聚——不要带他们不打算见的陌生人去。如果你带陌生人去有其他明确的目的，那就另当别论，但如果没有，那你就一点点磨掉了内向者对这场小聚的兴趣。长此以往，这就会变成内向者很讨厌的陌生人的聚会。

而且，即使内向者与你带的人认识，你参加小聚所带的人也尽量不要超过两个。换言之，参加的人要尽量少，尽量是熟人，以打造出内向者欢迎并愿意参加的氛围。如果参加的人太多，或有太多的生面孔，内向者可能会一直观察他们，被动地节省自己的精力。不过相对较多的人参加派对的一点好处是：如果你看到内向者累了，那你就可以转而去关注别人，好让内向者稍事休息一下。

第四点，如果人太多，可让内向者设立基调和节奏。

你知道那听起来是什么感觉吗？你可能也讨厌参加小聚，因为小聚时人很少又很亲近，不过这样的情况可以让大家的交流更深入一点。尽量不要在短时间内频繁转换话题——出现这样的情况时，交流只会很肤浅。专注于一个话题，往下深挖，然后再转换话题。要挖掘出话题的意义所在，让大家关注这个话题，不然就失去了聊天的意义。

在实际的交流中，尽量让内向者设定基调和

节奏，如果他们似乎在思考，那就别打断他们，也别催促他们，更不要要求他们回答，要给他们空间，只有这样，他们才会继续参与交流，而不会很快精疲力竭。

第五，如果别人越来越疲惫，可采取三种简单行动。

首先，你可以将话题转移到自己身上，当交流者，而不是发言者。大多数的交流会建议你采取相反的措施，将聚光灯打在别人身上，但如果别人是内向者，聚光灯对他们来说就太过炽热了。让他们休息一下，用多听的方式去被动地参与交流。

其次，即使你不想使用卫生间，也可以躲进去，让他们在桌边独自休息一下再充电。

再次，你也可以缩短交流的时间，然后告诉

大家，可以按照自己的日程表走。这似乎有点无礼和唐突，但如果内向者已经越来越疲惫了，他们会发自内心地感激你主动这么说，也能够让他们不必紧张兮兮地找借口离开。

派对和小聚可能有点棘手，但提前筹备可以让内向者也变得很好交际，他们会觉得极其舒适。现在，我们需要了解的最后一个因素是错失恐惧症，以及应该如何做才能不让它支配你的行动。

聚会真的不能错过吗？

错失恐惧症——也叫作 FOMO（Fear Of Missing Out）——害怕错过，试着问自己的内心是否应该做完全不想做的事，这样你才不会错过可能发生的事。

当我们将自己以为错失的东西理想化时，就产生了FOMO。我们纯粹是从潜力和可能性的角度在思考，几乎从没有从事实的角度考虑。当然，你有可能在派对上碰到超模——这并非绝无可能，这就可能是引发 FOMO 的有效动机。

我们这么做只是因为幻想，而不是因为实际的活动。

当理想化的版本跟现实的版本相距甚远时，我们就会突然讨厌我们所处的社交场合。FOMO会将内向者引到最可怕的社交场合，因为他们不太常出去，所以往往会产生犹疑："存不存在外向者都知道而我却不知道的秘密呢？"大概没有吧。

你只需要问一下自己打算参加的社交聚会是否有下面的问题：

·它跟你参加过的其他相似场合有所不同吗？

·即使没有什么令人惊艳的事发生，它依然很有趣吗？

·它有没有很大可能会令人惊艳？什么样的事会令人惊艳呢？

·它会不会让你在当晚的最后感到更开心，或者你会不会宁愿待在家呢？

·跟你对"令人惊艳"有着不同定义的人（外向者）有没有向你极力推荐这个聚会呢？

·它有没有为你提供清晰的离开计划呢？

·你在次日醒来时，会不会因为没有去参加聚会而后悔呢？

它有可能跟你参加过的很多社交场合一样，你没有不喜欢或不那么喜欢，这场聚会对你来说可能是有趣的，但并未达到令人惊艳的程度。独自开心，或者厌倦或疲惫地跟别人在一起，哪一种情形更好？

我们也会由于面临着来自同龄人的越来越多的社交压力而得了FOMO，如果这种压力不是直接源于那些需要你陪伴的朋友，社会还是会觉得外向者是理想的性格；如果你不想当交际花，别人有时候还是会觉得你有点怪。

不管怎样，你已经找到了自己，现在该怎么办呢？下一章的派对生存策略旨在帮助那些容易产生社交疲劳的人更轻松、更容易地应对派对。如前所述，第一个派对技巧就是不去参加，要听到你内心的声音，因为真的没有心情去。

PART EIGHT

第八章

派对生存策略

如何优雅地退出社交？

派对生存策略是内向者可以学习的最重要的内容。

这些方法适用于当你更想待在家，然而却置身于社交场合的时候。或许你只喜欢受到邀请的感觉，内心中并不想参加派对。但又出于同伴们的压力而被迫参加，你可能答应会顺便去一趟，待 20 分钟，但由于大门口堵着 10 多个人，你不得不跟他们一一告别才能逃出去。希望你能遵从你的内心，不要因为是星期六晚上，你觉得不应该再独自待在家里，所以才出去。

不管怎样，既然你已经来到社交场合了，你的各种内向型倾向便无从施展了，这时你就要想着如何充分沉浸于这些社交活动，甚至是享受它们了。

找到自己的职责

内向者派对生存的最佳方式是找到自己的职责，这个职责能让你无暇分身，最重要的是能够让你除了社交之外还有事可做。如果在某个社交聚会上的职责只是"放松去跟人交际"，这对于内向者来说未必是好事。

关于这些职责有一点很有趣：大家往往觉得这些职责是一种负担，但当置身于令你尴尬不适的社交场合中时，你就会非常感激这些职责所带来的干扰了。恰恰是这些职责让内向者得以逃离尴尬不适的社交场合。

如果在酒吧里，你的职责可能就是严密监视大家的酒水，负责确保所有的杯子都倒满了。如果在户外野餐，那你的职责可能是烤肉或铺好野餐桌。如果参加人际交往活动，你甚至可以充当志愿者，帮大家登记或分发名牌，你也可以充当DJ（Disc Jockey，流行音乐、播音员）负责选择音乐，或举着照相机满场跑，让大家知道你就是这场派对的专职摄影师。这些职责有很多种可能的形式，如果负责举办某个活动，你自然就会承担很多种职责。

拥有一个职责还有另外的好处，那就是你可以跟别人互动，但又不会互动太多，所以你可以按照自己的节奏跟别人互动。很多职责都需要跟人接触，但最终你可以集中精力于自己的职责上，这限制了你的互动时间，但你可以随时利用这个职责摆脱交际。

　　这可以说是一种社交保险，无论何时想中断聊天，你都可以说：抱歉，我要去照料烧烤了。如果跟别人聊的是很无聊的话题，或者你有点厌倦了，你就可以转身去照顾烧烤。你需要为社交电池再充电吗？烧烤的时间就可以用来进行再充电。

　　如果某个社交聚会没有特别明显的职责赋予给你，你仍然可以为自己创造一个，比如带点东西过去布置、创造、监督或照料。如果你到达某个地方，带上了电子游戏、棋盘游戏，那就可以教大家玩游戏，要给自己找点事情做，这也能够让自己开心。

　　拥有一个职责能让你在派对上保持忙碌的状态，这样社交就不会那么吸引你的注意力了。回想一下，内向者如果为了社交而社交，那通常不会觉得特别开心。内向者不仅要社交，还要忙于一些事才能获得极大的满足。不要因为有人想跟你聊天，你就强忍着陪他聊天，因为你很忙。

如果确实没有职责可以承担，那你接下来就要装出全神贯注的样子。照本书中的技巧去做，假装到最后，你的行为就不会那么假了。

要认真投入某件事，要在派对上全神贯注，也就是说专注于正在发生的事。比如，如果大家在玩酒令，那你其实可以表现得很感兴趣，起码假装感兴趣的样子。不管怎样，如果你看似很忙，没有空闲，有事可做，那么跟你聊天的人就没那么多了。记住，你的目标是保存社交电池电量——通过给自己一点事做，你就可以利用这段时间为自己赢得不算完美的再充电时间了。

藏身之处

在家里，你像受惊的猫咪一样躲开人群，这很容易，但如果在公共场合，这就比较棘手了。

不管身在何处，你都要提前打量这个地方的地形，找个很少有人去的安静的藏身之处，这个地方可能靠近出口，或许是幽暗的小巷、后院、走廊、楼梯甚至是卫生间。你可以将此想象成在进行一项活动之前去踩点探路，不过其实你是在寻找可以撤退的地方，以便在适当的时候隐藏起来为社交电池再充电。

以前你可能已经这么做过——藏在洗手间里，然后发现安静地待着、暂时不被人打扰的感觉很好。其实，你所参加的每个社交场合都有这样的藏身之处，是否花点力气和精力找到这些地方全在于你，如果你身处特别小而局促的社交环境，就这样离开去外面散一会儿步也不错。

你一旦发现了自己的社交藏身之处，就可以在整个社交活动过程中频繁而短暂地躲进去，你可以单独躲进去，也可以带上一位朋友进去（但最好不要在卫生间）。

在社交一段时间之后，可以进去藏一会儿，发表完演讲之后也可以藏进去。如果你做东，那就在卫生间里多待一会儿。如果你是聚会的焦点，一连讲了四个故事，那你知道该怎么做了。

这整个过程都需要提前筹备，并进行战略性的思考。不一定非得在社交结束感到不适或精疲力竭时才藏起来。你可以断断续续地藏起来，贯穿整个社交活动。因为等到活动结束，你已经疲惫不堪的时候，再充电 10 分钟也起不到多大作用了。所以，每小时或每进行完长时间的聊天之后，匆忙跑到洗手间或你选好的藏身之处，在里面待 10～15 分钟。这里的重点是安排好休息时间，以确保你时刻待在舒适区，而不是将社交电池耗尽。

为了充分利用再充电的这段时间，不要使用手机，不要收发邮件，不要进行任何会对你的内心产生刺激和波动的事，因为在休息充电时内心受到刺激或产生波动不仅影响社交电池的充电过程，还能让你的大脑感到疲惫和不堪重负。因此，完全关停大脑，让大脑彻底休息一下吧，什么都不要想，不要进行任何耗费脑力的活动，除非是那种完全不费脑子的事。

单独对话

群体交际对内向者来说非常有趣。一方面，

你能够加入到沟通中，并且在沟通过程中，你只需要稍作评论，在别人开玩笑时跟着一起笑。在这一过程中，所付出的精力很少或几乎为零。

有的时候，群体交际也可能消耗很多精力，因为你不得不做出反应，一次性跟多个人进行交际，这些沟通可能没有意义，因为跟一群人进行深入的聊天几乎不大可能，大家聊的都是肤浅能引发共鸣的话题，缺乏深度，你大概率不会感兴趣。而一旦大家把目光转移到你身上，那就变得非常可怕了。

为了避免这些情形，你可以努力跟某个人进行交际，远离群体交际，去找处于群体交际边缘的人，比如独自走来走去或看起来跟你一样无聊或疲惫的人。

你甚至能够以这种方式发现其他的内向者，遇到你对他们来说，也可能是一种极大的解脱。

在能够跟某个人进行交际后，接下来就是要确保这始终是一对一的对话，而不会变成群体沟通。你只需要提示对方，跟你一起走到聚会的边缘或安静的区域，这样你们能听清彼此的话。你只需要说："嘿，我们去那边坐吧。"

如果你对自己在社交场合的定位是一次只跟一两个人交际，那很容易就可以做到。比如，你可以建议跟某个人去小一点的桌子、沙发或狭窄的走廊，这会确保你不用承担社交重负，给自己跟别人深度沟通的机会。

活动前的准备

前面没有提到的一点是，仅仅出现在派对上并贯彻这些策略，可能并不足以让你享受这场派对。

还有很多事先可以做的工作，能够帮你做好准备并保护自己。

第一，带上一位容易跟别人交际，并精力充沛的健谈的朋友。

这个健谈的朋友可以充当你的安全阀，不管你多疲惫，你的朋友都会跟别人沟通。理想来看，这个人不介意你有时候沉默几分钟。带上他可以减轻你的负担。

第二，为自己设置一个极限。

不要在派对开始的头一个小时就离场，也不要想着待够两三个小时即可，要假定你会不经意间就待到了最后一小时，其中两三个小时是你状态最佳时的极限，一旦超过这个极限，你就会渐渐疲惫。不要以为出现在现场，给人留下印象，让大家知道你来了，然后你就可以随时离开了。

一定要事前设置好时间极限，甚至也可以告诉别人你的时间极限，这样他们就不会对你产生错误的期望。"我只能顺便过来几个小时。""因为时间一到，我就疲惫不堪，只想回家看三小时的电视。"

第三，在派对或活动之前，努力跟另一位客人联系。

尽量搞清楚你的朋友里有谁要参加，并告诉大家你也会参加，如果有邀请名单，你可以这样应对陌生人，浏览一下邀请名单，标记一下你跟谁有共同的爱好或联系。

接下来，可以针对这个信息做好准备，或者在活动开始之前传递出这样的信息："嘿，我看到你认识蒂姆和坎迪，真不可思议！你们怎么认

识的？"如果你能够在活动开始之前亲自跟别人
联系，那就更好了；如果你们俩合得来，你也可
以跟这个人一起去参加活动。

第四，准备好退出计划。

换句话说，准备好你要怎么离开的计划。

要确保你的退出计划不受到任何人的影响，
因为你不想按照别人的时间安排或凭借冲动行事，
比如，不要靠搭别人的车子才能离开。要确保你
可以自行离开，对于何时及如何离开保持独立的
控制权。

第五，早到通常比较有利。

早于聚会时间到，那时候人还比较少，你更
容易跟某个人或小群体聊天，这样就不会感到不
堪重负或疲惫了。

最后，做好热身，准备好前往社交活动。

如果跟着人群涌入社交活动或聚会的前三个对话都毫无意义，那没有比这更糟糕的事了，因为你头脑不清醒，说不清楚。这就好比是在班上被点到名而你却没准备好答案。应对之策是要么准备好，脱口而出，要么就想一秒钟，清清嗓子再开口。

对此，我最喜欢的方式是，在前往某个社交场合之前，开口大声朗读。找一小段200字左右的文字，最好是对白，有不同的人物，带着情感读出来。之前我在辅导别人时，就给大家朗读了《绿野仙踪》（*The Wizard of Oz*）上的一段话，这使我更快地进入了社交状态。

朗读过程中，你要集中精力，百分之百强调和夸大以下这些元素：情感、人物、音量、表达，以及幅度，要真正表现出每个尖叫、大笑、耳语，假装你是个正在为同学们朗读的幼儿教师，这样做能给你带来极大的启发，让你知道该从何处着手社交沟通。

有时，你需要连续读三遍这个段落，每次都要想办法，用更加奇特和卡通化的语调，超越之前的版本，这样练习三次过后，你就会惊叹于自己的声音和表达的变化了。

告别的技巧

本书中的很多内容都聚焦于内向者如何充分投入社交互动，无论他们是精力充沛还是精疲力竭。

但有时候，你就是支撑不住了，你想离开，又希望这个举动不会让同行的人觉得很无礼。然而，很难想象的是，告别常常会变成长达10分钟的聊天，这就是为什么很多人会对告别感到焦虑。如果你就那样离开了，可能会给别人带来不友善或社交无能的印象。你必须掌握优雅地退出聊天走向出口的艺术。

来电

你可以跟别人说你有个电话、短信或电邮，需要处理一下，就算是你的密友或同事，也不知道你每天的工作职责细节，所以简单看一眼手机，表现出惊讶或担忧之色并非难事，大家都不会介意，因为他们知道随时出现紧急事项，这再合理不过了。

"抱歉，你介意我出去接个电话吗？"

"抱歉，我遇到点紧急事件，你介意我回家处理一下吗？"

你也可以瞥一眼手机上的时间，然后这样说："噢，我都没意识到就是今天，你介意我们下次再聊吗？我今天有个任务必须要交。"

你甚至都不必细说自己要处理什么，这听起来也是再合理不过的理由了。

这里的关键是得到离开的允许，善意的姿态可以清晰表明你在为别人着想，很有礼貌，不是因为别的无理的理由而拒绝他们。此外，别人也不会拒绝原谅你说："不，待在这儿聊天吧。我比你的工作重要多了。"

卫生间时间

你可以跟别人说，你需要用一下洗手间，这也是个很好的理由，你可以在洗手间里待一会儿并充电，正如我们之前所讨论的那样。

这么做的最佳时间大约在，你发现自己的社

交电池就要完全耗尽之前的5分钟，这会给你足够的时间走到洗手间做自己的事，能让你重新回归镇静，能提高你的社交精力值，并再度进行交际。想不想回归到那种状态，全在于你如何选择。

你只需要让自己的理由听起来紧急一点，大家就会完全理解你——大家差不多都会因为体内的膀胱越涨越大，而不得不去卫生间。

你可以说："等等，抱歉，我刚到这儿就想去卫生间，能失陪一下吗？"

寻找中间人

你可以说你得跟某人聊一下。这可能有点无礼，但如果拿捏得当，大家都不会介意。再说一次，关键是，要让这件事看起来很重要也很紧急。

如果看到有人经过，你可以说："哦，等等，那是史蒂夫（Steve）吗？很抱歉，我需要跟他叙叙旧，我之前一直给他打电话没联系上，可以失陪一下吗？"如果你们周围没人，看不到任何人经过，你可以说："我知道这有点唐突，不过请问，你知道史蒂夫在哪里吗？我给他打过三次电话，但他没有回我。我想我得去看看他那边是什么情况，能失陪一下吗？"

推给别人

"推给别人"是指，你可以将正在跟你聊天的人推给一位朋友或刚好路过的人。可以采用以下几个步骤。

第一，环视四周，看你可以把这个人推给谁。

第二，试着吸引另一个人的注意力，这样，他们才会朝你走来，你也可以慢慢走到那个人那儿。

第三，当你跟别人沟通时，要互相介绍这两个人。这个策略的关键是，把两人都形容得好到不可思议，这样他们就会马上相互交流。在介绍这两个人时，要介绍他们最有趣的一两个特质或经历，这应该很简单。你这样做就把自己置于这场互动的边缘，让这两个人变成了焦点。

"嘿，这是巴里（Barry），他常驻卡拉 OK，还跑过马拉松。这位是米歇尔（Michlle），她小时候养了只猪做宠物，每天大概喝四瓶健怡可乐。"

第四，现在焦点不在你身上了，你优雅地离开的压力就少了，你只需要找个小小的理由——比如我们本章所说的任何理由，然后离开。

设想一下，如果这两个人正聊得热火朝天，以至于你都有一两分钟没插上话了，这时，你就可以说："哦，那是史蒂夫，我找他聊一下。回头再聊，两位！"

以上提到的四个离开的策略有几个共同的主旨，这也是我想给出的最容易被接受的社交逃跑方式。如果你觉得自己所在的社交场合适合这些因素，那就可以一试了。

第一，准备好离开任何对话或社交场合的理由。要去卫生间、要去打个电话、要找什么人，这些都是会奏效的。你不必说得太过具体，只需要准备好随时可以脱口而出的理由。

第二，要表现得好像离开的需要十分迫切一样，这样，跟你同处一个环境的人才不会往心里去或者提出质疑。这很重要，因为大家都觉得退出对话相当于拒绝了别人，这在某种程度上来说的确如此，不过我们可以通过表达出紧急性和重要性去减少产生负面影响的可能性，如果你因为家里淹了水而需要回去，没有人会觉得受到了侮辱。

第三，寻求离开的允许，并对此表示道歉。要让别人知道你的诚恳和礼貌。你需要对自己要离开的事实表示出更多的自责情绪。

第四，说一点关于未来社交的话。比如："我们改天再聚"或"下次再继续这个话题！"这增加了一层移情作用和美好愿望，这样大家才会对你的离开感觉舒服一点。

如你所见，这些因素多数是为了模糊一个事实——你只是不想再待在那儿并伤害大家的感情。你传达出了自己的全部信息，但没有带来消极的影响。

无论你身处任何地点、任何场合，这四个步骤都可以帮你制订退出策略。

这具有欺骗性吗？有些人可能是这么看待的，不过如果被缺乏自觉意识的人逼入绝境，他们看到你极度疲惫时打哈欠，还惹得你脾气暴躁和恼怒，那你就可以选择传递出这个信息，而不会伤害到大家的感情。

这些内向者的派对策略会帮你彻底转变对派对的感觉，意识到你可以跟派对的焦点（外向者）一样享受派对，只是需要以一种不同的方式而已。

速查表

第一章　理解内向

关于内向者的误解不胜枚举，这些误解将他们刻画成了非常负面的形象，但其实，他们只是心理上或生理上有点不同而已。他们对社交有不同的期望，并受自身的社交电池支配。

第二章　意料之外的优势

你由于社交而感到疲惫，这并不代表你一无是处，因为外向者也有明显的缺点。内向者是很好的聆听者，对于无聊也相对免疫，还擅于全神贯注，具备良好的观察技巧。

第三章　你可以不那么累

社交电池不管怎样都会流失电量，但你可以通过提高电池容量或缩减每天的电量需求来维持电量。你可以利用沉默反应、变成提问专家、深入挖掘闲聊、寻找次要目标、转移注意力等方式，走出舒适区，扩展社交电池容量。

第四章　内向者如何分配精力值

将自己的生活规划成对内向者更加友好的几个方式：围绕社交精力支出、理解社交刺激的不同类型、坚持可预见性、围绕兴趣进行规划。

第五章　更舒适的日常情形

关于有效调整好自己的情绪的技巧有很多，例如通过"镜子测试""麦克风测试"等，需要确定的是你想将什么优先，并设置好可以用来指导社交生活的界线和规则。

第六章　增加你的主动性

内向者的人际动力学颇为独特——你的朋友永远都无法确定离开社交场合的你是否讨厌他们，因而你需要保持传递给他们的信息的一贯性。你可以将自己的生活规划得更加适合内向者，莎拉·琼斯提供过很多这方面的建议，比如确定自己的价值观，然后再去寻找与自己性情相投的伴侣。

第七章　来一场派对

在本章中，我们讨论了如何规划一个有助于内向者社交的活动，比如给出日程表、设定结束时间、设计分散注意力的活动或安静的群体活动、提供再充电区域等方式。如果日常小聚很多，那么精心挑选参与者和环境就非常重要了，这不仅不会让你不堪重负，还可以给你带来空间和舒适感。

第八章　派对生存策略

你已经身在派对上了——现在该怎么办呢？为自己找到或创造一个职责、藏在洗手间之类的再充电站里、跟个人而不是群体交际、事前尽量做好充足的准备、学习"伟大的逃跑"等方式都是在告诉你如何尽快优雅地逃离社交。

后　记

我在了解到关于内向者的大部分事实之后，就迅速投入其中了。

其实，我可能过度投入了，也有点过快投入了，因为我后来发现，当一名内向者是什么都不做的绝佳理由。

正如所有其他事物一样，适度和平衡非常必要。你可能觉得你的社交电池容量一直都很低，或许事实就是如此，但是不要让这个标签将你变成社交隐士，因为你得维持自己的社交电池容量，找到那种平衡可能是你有生以来所面临的最大挑战。

这正是学习生存和聚会技巧的目的所在，所以走出去吧！

作者简介

【美】帕特里克·金（Patrick King）：国际畅销书作家，著作有《快速思考》（*Think Fast*）、《魔力四射》（*Magnetic*）、《做个侃爷》（*Chatter*）、《有话说出来！》（*Speak Up!*）、《可爱的科学》（*The Science of Likability*）、《诙谐玩笑的艺术》（*The Art of Witty Banter*）、《清晰思维的艺术》（*Art of Clear Thinking*）、《行动心理学》（*The Psychology of Taking Action*）等。

他是美国加利福尼亚州旧金山社交互动教练，

曾登上过《GQ》杂志、《福布斯》杂志、《NBC 新闻》、赫芬顿邮报、商业内幕、《Real Simple》杂志等。

更重要的是，他是一个性格十分内向、不合群的人，在其社交社会历经了焦虑、暴食、懈怠等过程。在挣扎多年后，他发现自己的内向、不合群也是优势，并总结精炼了自己的生存策略，即为本书。